Angenommen von der mathematisch-naturwissenschaftlichen Abteilung der Philosophischen Fakultät auf Grund der Gutachten der Herren

    Golf und Falke.

Leipzig, den 28. Februar 1931.   Golf
                                          d. Z. Dekan der mathematisch-
                                          naturwissenschaftlichen Abteilung
                                              der Philosophischen Fakultät.

Erschienen im Archiv für „Tierernährung und Tierzucht"
(Wissenschaftliches Archiv für Landwirtschaft), Abt. B. Bd. 7, H. 3, 1932.

ISBN 978-3-662-37377-4   ISBN 978-3-662-38123-6 (eBook)
DOI 10.1007/978-3-662-38123-6

Inhalt.

Einleitung (S. 347).
I. A. Die Abstammung des Versuchsmaterials (S. 349).
   B. Die Durchführung des Mastversuches (S. 349).
      a) Einteilung des Versuchs- und Vergleichsmaterials (S. 349).
      b) Die prozentuale Zusammensetzung und der Nährstoffgehalt der Futtergemische (S. 350).
      c) Der Futterverbrauch und der Nährstoffbedarf (S. 351).
      d) Die gewichtsmäßige Entwicklung (S. 353).
      e) Die Auswertung der Versuche (S. 359).
      f) Die Rentabilitätsberechnung (S. 363).
      g) Zusammenfassung der Ergebnisse des Mastversuches (S. 368).
II. C. Die Ausschlachtungsergebnisse (S. 368).
      a) Die Feststellung am Tage der Schlachtung (S. 368).
      b) Die Feststellung 24 Stunden nach der Schlachtung (S. 372).
          1. Der Kühlverlust (S. 372).
          2. Die Tranchierergebnisse (S. 373).
          3. Die Messungsergebnisse am ausgeschlachteten Tier (S. 378).
      c) Die subjektive Beurteilung und ihre objektive Nachprüfung (S. 380).
          1. Die Bonitur der ausgeschlachteten Tiere (S. 380).
          2. Das Verhältnis Fleisch:Fett:Knochen:Schwarten an Schinken und Schulter (S. 382).
          3. Das Verhältnis Fleisch zu Fett und der Anteil an IV. Qualität im Einzeltier (S. 384).
      d) Die Ergebnisse der chemischen Fleischuntersuchungen (S. 386).
      e) Das Zellsafthaltungsvermögen (S. 388).
      f) Die Ergebnisse der Muskelfasermessungen als objektiver Maßstab für die Zartheit des Fleisches (S. 390).
Zusammenfassung der Versuchsergebnisse (S. 392).
Literaturverzeichnis (S. 394).

Einleitung.

Die Zweckmäßigkeit der Rationalisierung hat in landwirtschaftlichen Kreisen zumal in den letzten Jahren immer mehr Verständnis gefunden. Der deutsche Bauer hat endlich eingesehen, daß nur auf diesem Wege die Möglichkeit eines wirtschaftlichen Aufstieges zu suchen ist. Ziemlich spät ist man nun auch an die Aufgabe herangetreten, die Fleischproduktion einer Standardisierung zu unterziehen. Bisher wußte ja der Landwirt gar nicht, was für eine Qualität von Mastvieh er abliefern sollte. Mit dem Verkauf der fertig gemästeten Tiere war auch alles weitere Interesse von seiner Seite erloschen. Wenn er jedoch nun auf einmal zu hören bekam, inwieweit seine Ware den Anforderungen genügte, so mußte er sich naturgemäß auch danach richten, wollte er nicht Gefahr laufen, seine Produkte von vornherein vom Markte ausgeschlossen zu sehen. Lockerer, öliger Speck, weiches Fleisch, nicht einwandfreie Schinkenform und vor allem das Verhältnis von Fleisch zu Fett haben recht oft zu Klagen Anlaß gegeben. So hat das Problem der Rationalisierung auf dem Gebiete der Fleischerzeugung bereits zahlreiche Arbeiten entstehen lassen, die dem Produzenten wertvolle Aufschlüsse über Fütterung und Haltung der Masttiere gegeben und die Konsumenten auf den Wert der Qualitätsware hingewiesen haben.

An dieser Stelle sei die Arbeit von *Krüger*[13] genannt, der bei seinen Mästungsversuchen an Schweinen im Leipziger Tierzucht-Institut eine Verkürzung der Mastdauer von 4—5 Wochen und außerdem noch eine Qualitätsverbesserung des Fleisches erzielte. Diese Erfolge gaben Veranlassung dazu, weitere Untersuchungen dieser Art vorzunehmen und die Wirkung der Keimdrüsenhormone auf das Wachstum sowie ihren Einfluß auf die Fleischqualität des Versuchsmaterials noch näher zu erforschen.

Da die vorliegende Abhandlung auf der erwähnten Arbeit aufgebaut wurde, erscheint es zweckmäßig, auf die grundlegenden Gedanken sowie auf die erzielten Erfolge kurz einzugehen.

Krüger stellte seine Versuche mit veredelten Landschweinen an, um die Gedankengänge von *Berndt* objektiv nachzuprüfen. *Berndt* ging von der Voraussetzung aus, daß die alte Züchtererfahrung: frühreife Tiere lassen sich besser mästen als spätreifere Typen, durch Unterstützung der die Frühreife bedingenden Keimdrüsentätigkeit, also auf biologisch-physiologischem Wege, bei spätreiferen Typen und Rassen praktisch nutzbar gemacht werden kann. Gleichzeitig zog er für die zunächst rein theoretischen Erwägungen noch die Ergebnisse der Hormonforschungen hinzu, nach denen die hormonale Keimdrüsenfunktion einen ausschlaggebenden Einfluß auf die Regulierung des Gesamtstoffwechsels im Säugetierorganismus ausübt. Da nun einwandfrei erwiesen ist, daß die Kastration den Stoffumsatz im Körper herabsetzt, ist anzunehmen, daß durch die Zufuhr von Keimdrüsenhormonen an kastrierte Tiere die durch die Kastration herabgesetzte Stoffwechseltätigkeit wieder auf die Norm gebracht werden kann. Würde ein derartiger Versuch im Sinne der dargelegten Gedankengänge positiv ausfallen, dann müßte im Gegensatz zu nichtkastrierten Tieren der durch die Hormonzufuhr auf der normalen Höhe gehaltene Stoffumsatz im Körper eine höhere Futterausnutzung und damit eine bessere Wüchsigkeit herbeiführen, da ja die kastrierten Tiere keine aufgenommenen Nährstoffe für die Erhaltung der Geschlechtsfunktionen benötigen. Die volkswirtschaftliche Bedeutung einer durch Hodenhormonzufuhr an kastrierte Eberferkel gesteigerten Mastleistung geht schon daraus hervor, daß zur Zeit in Deutschland pro Jahr etwa 11 Millionen geschnittene Eber zur Schlachtung gelangen.

Die Wirkung der Ovarialhormonzufuhr an geschnittene und ungeschnittene weibliche Masttiere dürfte, schon rein theoretisch betrachtet, nicht ohne weiteres in derselben Richtung wie bei männlichen Tieren erwartet werden. Einerseits ist eine Trennung der drei verschiedenen Ovarialhormone erforderlich, und andererseits muß die enge Korrelation zwischen Ovar und Schilddrüse von größerer Bedeutung sein als die Wechselbeziehungen zwischen Hoden und Schilddrüse.

Die Ergebnisse der bisher durchgeführten Hormonversuche am Leipziger Tierzucht-Institut bestätigten die hier angedeuteten Gedankengänge voll und ganz.

In dem ersten Hodenhormonversuch (*Krüger*) konnte die gewichtsmäßige Entwicklung der männlichen kastrierten Tiere erheblich gesteigert werden. Die Futterverwertung der Versuchsgruppe war eine bessere als die der Vergleichsgruppe. Auch wiesen die Tiere der Versuchsgruppe einen höheren Reingewinn auf als die zum Vergleich aufgestellten Vollgeschwister. Die Muskelfasermessungen ergeben weiterhin, daß die mit Hodenhormon beigefütterten Börge eine feinere Muskelfaser und damit auch ein zarteres, also wertvolleres Fleisch aufwiesen.

Der Versuch, durch Hodenhormonpräparat die Mastfähigkeit geschnittener Eberferkel zu steigern, wurde vom Verf. mit Kreuzungstieren durchgeführt, um einerseits nochmals die Richtigkeit des vorangegangenen Krügerschen Versuches nachzuprüfen und andererseits die Wirkung der Hormone an Kreuzungstieren (veredelter Landschweineber×Berkshiresau), also, der Erbanlage nach, an frühreiferen Tieren zu beobachten.

Da in einem weiteren Hormonversuch *Krügers* durch perorale Verabreichung von Ovarialhormonen mit Corpus luteum ohne Follikelflüssigkeit an nichtgeschnittene Sauferkel die Mastleistung nicht gesteigert, sondern das Auftreten von Brunsterscheinungen ausgelöst wurde, ist vom Verf. ein nochmaliger Versuch in dieser Richtung, jedoch an *kastrierten* Sauferkeln durchgeführt worden.

Der Thymusdrüse fällt im jugendlichen Organismus die Aufgabe zu, im Verein mit dem Hypophysenvorderlappen das Längenwachstum der Knochen zu regulieren und die Keimdrüsenfunktion bis zum Eintritt der Geschlechtsreife zu hemmen. Es war daher naheliegend, einen dritten Versuch anzusetzen, um die Bedeutung der Thymusdrüsenhormone für die Schweinemast einer kritischen Prüfung zu unterziehen.

I.
A. Die Abstammung des Versuchsmaterials.

Sämtliche 18 Versuchstiere stammten aus der Versuchswirtschaft Oberholz des Institutes für Tierzucht und Milchwirtschaft an der Universität Leipzig. In Oberholz sind die Zuchtrichtungen des veredelten deutschen Landschweines und des Berkshire vertreten.

Über die Abstammungsverhältnisse des Versuchsmaterials gibt die nachstehende Übersicht hinreichend Aufschluß.

Hanno 385/11	♂ 86*, ♂ 87	Hanscaspar 38 V. B.	Handwerker 41 V. B. / Isungo 260 V. B.
	♂ 89*, ♂ 90	Amanda 385 V. B.	Feodor 58 V. B. / Ulla 43 V. B.
Stella	♀ 91, ♀ 93*	Rheinsohn E 66	Laufjunge E 19 / Bislicher Insel 2
		Sahlis 24	Sahlis 70. J E / Sahlis 324. 75 r.
Hanno 385/11	♂ 94, ♂ 95*	Hanscaspar 83 V. B.	Handwerker 41 V. B. / Isungo 260 V. B.
	♀ 98, ♀ 99*	Amanda 385 V. B.	Feodor 58 V. B. / Ulla 43 V. B.
Senta S 927	♀ 100, ♀ 101*	Rheinsohn E 66	Laufjunge E 19 / Bislicher Insel 2
	♀ 102, ♀ 103*	Sahlis 24	Sahlis 70. J E / Sahlis 324. 75 r.
Hanno 385/11	♀ 109*, ♀ 110	Hanscaspar 83 V. B.	Handwerker 41 V. B. / Isungo 260 V. B.
		Amanda 385 V. B.	Feodor 58 V. B. / Ulla 43 V. B.
Sonja S 928	♀ 111, ♀ 112*	Rheinsohn E 66	Laufjunge E 19 / Bislicher Insel 2
		Sahlis 24	Sahlis 70. J E / Sahlis 324. 75 r.

Die mit * bezeichneten Tiere gehören den Versuchsgruppen an.

B. Die Durchführung des Mastversuches.
a) Einteilung des Versuchs- und Vergleichsmaterials.

Der Versuch begann am 20. II. 1930. Es wurden 6 annähernd gleichaltrige Gruppen aufgestellt, und zwar die Versuchsgruppen I, III und V neben den Vergleichsgruppen II, IV und VI. In der Versuchsgruppe I standen neben den Söhnen von Stella Nr. 86 und 89 ein Nachkomme von Senta Nr. 94, während in der Vergleichsgruppe II die Stellanachkommen Nr. 87 und 90 und der Sentasohn Nr. 95 untergebracht waren. In die Versuchsgruppe III sowie in die dazugehörige Vergleichsgruppe IV wurden nur Sentatöchter gestellt, und zwar in Gruppe III Nr. 99, 101 und 103 und in Gruppe IV Nr. 98, 100 und 102. Für die letzte Versuchsgruppe V waren die Sonjatiere Nr. 109 und 112 sowie die Stellatochter Nr. 93 gewählt worden. Für die entsprechende Vergleichsgruppe wurden die Sonjatiere Nr. 110 und 111 und das Sentatier Nr. 91 vorgesehen. Die Verteilung des Versuchsmaterials wurde so vorgenommen, daß in der Versuchsgruppe stets die entsprechenden Tiere wie in der Vergleichsgruppe standen. Den Gruppen I und II gehörten geschnittene Eberferkel, den Gruppen III und IV geschnittene weibliche und den Gruppen V und VI ungeschnittene weibliche Tiere an. Weiterhin wurde bei der Einteilung des Versuchs- und Vergleichsmaterials darauf geachtet, daß sich zu Beginn der Mast in den zusammengehörigen Gruppen jeweils annähernd gleich schwere Geschwistertiere gegenüberstanden. Die Anfangsgewichte betrugen:

Börge.

Versuchsgruppe I.		Vergleichsgruppe II.	
Nr. 86	35,25 kg	Nr. 87	34,00 kg
„ 89	30,00 „	„ 90	34,00 „
„ 95	28,00 „	„ 94	26,00 „
Im Durchschnitt	31,10 kg		31,30 kg

Geschnittene Sauen.

Versuchsgruppe III.		Vergleichsgruppe IV.	
Nr. 99	24,50 kg	Nr. 98	28,50 kg
„ 101	30,50 „	„ 100	26,75 „
„ 103	26,25 „	„ 102	28,75 „
Im Durchschnitt	27,10 kg		28,00 kg

Sauen.

Versuchsgruppe V.		Vergleichsgruppe VI.	
Nr. 93	31,00 kg	Nr. 91	31,25 kg
„ 109	32,25 „	„ 110	30,00 „
„ 112	33,25 „	„ 111	35,25 „
Im Durchschnitt	32,20 kg		32,20 kg

Die Ferkel wurden nach 10- bzw. 11 wöchiger Säugezeit abgesetzt und nach durchschnittlich 6 tägiger Vorbereitung auf Mast gestellt. Da der Versuch nur aus Kreuzungstieren bestand, war von vornherein anzunehmen, daß die Tiere in kürzerer Zeit schlachtreif sein würden als veredelte Landschweine, daß sie also bei einem Gewicht von 90—100 kg bereits dem Schlachthof zugeführt werden müßten.

b) Die prozentuale Zusammensetzung und der Nährstoffgehalt der Futtergemische.

Die Tiere wurden mit besonderer Sorgfalt gepflegt und täglich regelmäßig 2 mal vom Verfasser selbst gefüttert. Das Futter wurde in Form von kaltem, dickem Brei verabreicht, nachdem vor jeder Mahlzeit zur Stillung des Durstbedürfnisses mit reinem, kaltem Wasser getränkt worden war. Das Futtergemisch setzte sich aus Getreideschrot als Grundfutter, und zwar aus Gersten- und Roggenschrot, ferner aus Dorschmehl, Fleischmehl und Schlämmkreide zusammen. Die Mastdauer wurde in zwei Perioden eingeteilt. Die erste umfaßte 2 mal 4 Wochen

Schlachtbeobachtungen und Ausschlachtungsversuche an Schweinen. III. 351

und die zweite 1 mal 4 Wochen. Die prozentuale Zusammensetzung des Futtergemisches in den einzelnen Mastabschnitten ist aus nachstehender Tabelle ersichtlich:

Periode	Dauer der Periode	Gerstenschrot %	Roggenschrot %	Dorschmehl %	Fleischmehl %	Schlämmkreide %
1	2 mal 4 Wochen	58	25	7	10	1
2	1 mal 4 Wochen	67	25	4	4	1

In dem Futtergemisch wurden 25% Roggenschrot aus dem Grunde verabreicht, weil der Zentnerpreis für Roggen unter demjenigen für Gerste lag und dadurch die Frage, Roggen als Mastfutter für Schweine zu verwenden, akut geworden war.

Die zu jeder Mahlzeit verabreichten Futtermittel wurden so bemessen, daß die Schweine 2 Stunden vor der nächsten Fütterung die Tröge gänzlich leer gefressen hatten. Die Futtergemische wurden ebenso wie die einzelnen Futtermittel auf ihren Prozentualnährstoffgehalt im hiesigen Laboratorium untersucht; sie zeigten folgende Zusammensetzung:

Futtergemisch	Wasser %	Trock.-Subst. %	Rohprotein %	N-freie Extraktstoffe %	Rohfett %	Rohasche %	Rohfaser %	Verdaul. Rohprotein %	Verdaul. Reinprotein %	Reinprotein %
I	7,45	92,55	19,47	60,21	2,19	5,34	5,34	17,28	15,71	17,90
II	7,58	92,42	15,97	65,10	2,29	4,37	4,69	13,82	11,81	13,56

Diese beiden Futtergemische wurden den Tieren in allen 6 Gruppen in der oben angegebenen Dosierung verabreicht.

3 Tage nach dem Mastbeginn bekamen die Versuchsgruppen I und III Keimdrüsenpräparate und die Gruppe V Thymuspräparate beigefüttert.

c) Der Futterverbrauch und der Nährstoffbedarf.

In den ersten 4 Wochen vom 3. bis 30. III. wurden im Mittel je Tier und Tag aufgenommen:

In Gruppe	I	II	III	IV	V	VI
Gerstenschrot	1,560	1,415	1,405	1,650	1,619	1,637
Roggenschrot	0,673	0,610	0,606	0,711	0,698	0,706
Dorschmehl	0,188	0,171	0,170	0,199	0,195	0,198
Fleischmehl	0,269	0,244	0,242	0,285	0,279	0,282
Schlämmkreide	0,027	0,024	0,024	0,028	0,028	0,028
Futtergemisch	2,717	2,464	2,447	2,873	2,819	2,851
	+ Hodenpr.		+ Ovariralpräp.		+ Thymuspr.	

Unter Zugrundelegung der Nährstoffanalyse des Futtergemisches erhielten demnach die Tiere an verdaulichem Eiweiß pro Kopf und Tag:

In Gruppe	I	II	III	IV	V	VI
Gramm	427	387	384	451	434	448

und an Stärkewerten:

| Kilogr. | 1,947 | 1,765 | 1,753 | 2,058 | 2,020 | 2,043 |

Die Nahrungsaufnahme in den zweiten 4 Wochen vom 30. III. bis zum 28. IV. gestaltete sich folgendermaßen:

In Gruppe	I	II	III	IV	V	VI
Gerstenschrot	2,151	1,951	2,220	2,230	2,192	2,161
Roggenschrot	0,927	0,841	0,957	0,961	0,945	0,942
Dorschmehl	0,260	0,235	0,268	0,269	0,265	0,261
Fleischmehl	0,371	0,336	0,383	0,384	0,378	0,373
Schlämmkreide	0,037	0,034	0,038	0,038	0,038	0,037
Futtergemisch	3,745 + Hodenpr.	3,397	3,866 + Ovarialpräp.	3,882	3,818 + Thymuspr.	3,774

Die verabreichten Nährstoffmengen scheinen im Vergleich zu *Lehmanns* Angaben sehr hoch; sie waren jedoch zur vollen Deckung des Nahrungsbedürfnisses nötig.

Der tägliche Bedarf an verdaulichem Eiweiß stellte sich demnach pro Tier:

In Gruppe	I	II	III	IV	V	VI
auf	588 g	534 g	607 g	610 g	600 g	593 g

und an Stärkewerten auf:

Kilogr.	2,683	2,434	2,770	2,781	2,735	2,704

Eine Gegenüberstellung dieser Resultate mit den Ergebnissen der ersten 4 Wochen zeigt deutlich ein allgemeines Ansteigen des Nährstoffbedürfnisses sämtlicher Gruppen. Es tritt schon hier eine vermehrte Aufnahme von Nährstoffen von Gruppe I im Vergleich zu Gruppe II klar zutage, während die Versuchsgruppe III hinter der Gruppe IV zurückbleibt. Bei den Gruppen V und VI sind keine wesentlichen Unterschiede in der Nahrungsaufnahme zu verzeichnen.

Die zweite Mastperiode umfaßt nur 3 Wochen, da die Tiere nach dieser Zeit bereits schlachtreif waren. Über die pro Tier und Tag im Durchschnitt aufgenommenen Nährstoffmengen gibt nachstehende Tabelle Aufschluß:

In Gruppe	I	II	III	IV	V	VI
Gerstenschrot	3,169	2,430	3,291	3,169	3,095	3,100
Roggenschrot	1,183	0,907	1,228	1,183	1,155	1,157
Dorschmehl	0,189	0,145	0,196	0,189	0,185	0,185
Fleischmehl	0,189	0,145	0,196	0,189	0,185	0,185
Schlämmkreide	0,047	0,036	0,049	0,047	0,046	0,046
Futtergemisch	4,777 + Hodenpr.	3,663	4,960 + Ovarialpräp.	4,777	4,666 + Thymuspr.	4,673

An verdaulichem Eiweiß wurde demnach verbraucht in Gruppe:

I	II	III	IV	V	VI
Gramm 564	433	586	564	521	552

und an Stärkewerten:

Kilogr. 3,412   2,616   3,542   3,412   3,333   3,338

Zur Veranschaulichung der Nahrungsaufnahme in den einzelnen Gruppen sei auf die graphische Darstellung (Abb. 1) verwiesen.

Aus dieser geht hervor, daß die Nahrungsaufnahme in allen Gruppen im Verlauf der Mastzeit eine steigende Tendenz deutlich zutage treten

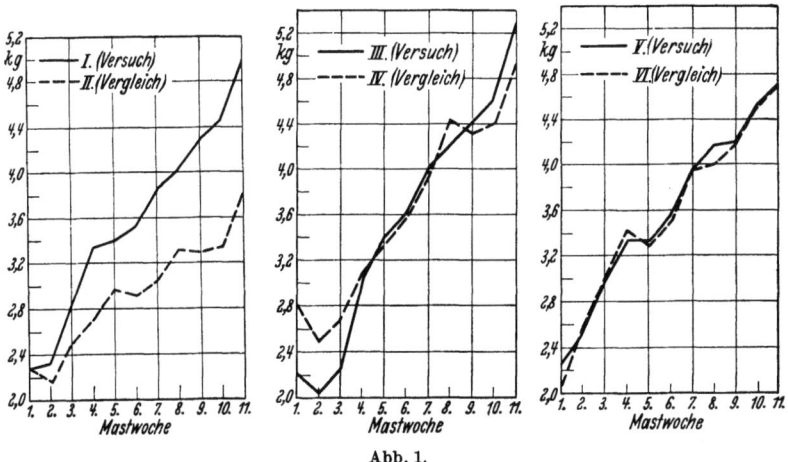

Abb. 1.

läßt. Die Hodenhormonversuchsgruppe zeichnet sich durch ein annähernd gleichmäßiges Ansteigen der Nahrungsaufnahme aus, während die entsprechende Vergleichsgruppe in der 5. bis 7. Woche und ebenso in der 8. bis 10. Woche keinen erhöhten Futterverbrauch erkennen läßt.

Die Kurven der Gruppen III und IV verlaufen ziemlich parallel, und zwar schneiden sie sich 3 mal, bis schließlich die Versuchsgruppe in der 11. Woche die größte Nahrungsaufnahme aufweist. Anfangs stand die Versuchsgruppe in bezug auf die Nahrungsaufnahme weit unter der Vergleichsgruppe, jedoch zeigte auch sie eine ziemlich ausgeglichene Linie.

Der Futterverbrauch in den Gruppen V und VI läßt keine wesentlichen Unterschiede hervortreten. Beide Kurven verlaufen annähernd parallel. Außer einigen geringen Schwankungen zwischen der 4. und 6. sowie der 7. und 9. Woche war die Nahrungsaufnahme beider Gruppen völlig gleich.

d) Die gewichtsmäßige Entwicklung.

Zunächst sollen einige Angaben über die Jugendentwicklung der Tiere *vor* der Mast angeführt werden.

Es betrugen die Geburtsgewichte der Börge:

	Gruppe I.		Gruppe II.
Nr. 86	1,400 kg	Nr. 87	1,300 kg
„ 89	1,450 „	„ 90	1,100 „
„ 95	1,300 „	„ 94	1,000 „
Im Durchschnitt	1,383 kg		1,133 kg

Geschnittene Sauen.

	Gruppe III.		Gruppe IV.
Nr. 99	0,900 kg	Nr. 98	0,950 kg
„ 101	1,300 „	„ 100	1,050 „
„ 103	1,200 „	„ 102	1,100 „
Im Durchschnitt	1,133 kg		1,033 kg

Sauen.

	Gruppe V.		Gruppe VI.
Nr. 93	1,200 kg	Nr. 91	1,600 kg
„ 109	0,900 „	„ 110	1,300 „
„ 112	1,300 „	„ 111	1,200 „
Im Durchschnitt	1,133 kg		1,366 kg

Die 4-Wochen-Gewichte gestalteten sich folgendermaßen:

Börge.

	Gruppe I.		Gruppe II.
Nr. 86	6,500 kg	Nr. 87	5,500 kg
„ 89	5,500 „	„ 90	4,500 „
„ 95	5,000 „	„ 94	5,000 „
Im Durchschnitt	5,667 kg		5,000 kg

Geschnittene Sauen.

	Gruppe III.		Gruppe IV.
Nr. 99	4,500 kg	Nr. 98	4,500 kg
„ 101	6,500 „	„ 100	4,000 „
„ 103	5,000 „	„ 102	5,000 „
Im Durchschnitt	5,333 kg		4,500 kg

Sauen.

	Gruppe V.		Gruppe VI.
Nr. 93	5,500 kg	Nr. 91	5,500 kg
„ 109	6,500 „	„ 110	6,500 „
„ 112	7,500 „	„ 111	7,500 „
Im Durchschnitt	6,500 kg		6,500 kg

Die 10-Wochen-Gewichte beliefen sich auf:

Börge.

	Gruppe I.		Gruppe II.
Nr. 86	18,500 kg	Nr. 87	18,000 kg
„ 89	16,000 „	„ 90	16,000 „
„ 95	15,500 „	„ 94	15,000 „
Im Durchschnitt	16,666 kg		16,333 kg

Geschnittene Sauen.

Gruppe III.		Gruppe IV.	
Nr. 99	14,000 kg	Nr. 98	15,000 kg
„ 101	16,500 „	„ 100	14,000 „
„ 103	15,000 „	„ 102	16,500 „
Im Durchschnitt	15,166 kg		15,333 kg

Sauen.

Gruppe V.		Gruppe VI.	
Nr. 93	17,000 kg	Nr. 91	17,000 kg
„ 109	20,000 „	„ 110	19,000 „
„ 112	21,000 „	„ 111	22,000 „
Im Durchschnitt	19,333 kg		19,333 kg

Bei Betrachtung der vorliegenden Einzelgewichte läßt sich erkennen, daß die Entwicklung der Sonjatiere die übrigen schon weit übertroffen hat. Diese Tatsache ist auf die geringe Ferkelzahl in dem betreffenden Wurfe, aus dem die zum Versuche herangezogenen Sonjanachkommen stammten, zurückzuführen. *Hempel*[9], *Ohligmacher*[16] und andere Forscher haben ja an Hand von Versuchen mit veredelten Landschweinen und weißen Edelschweinen einwandfrei nachgewiesen, daß die Geburtsgewichte der Tiere bei hoher Ferkelzahl geringer sind und mit sinkender Ferkelzahl ansteigen. Umgekehrt steigt ferner das Gesamtwurfgewicht mit zunehmender und fällt mit abnehmender Ferkelzahl. Diese Feststellungen lassen sich am vorliegenden Versuchsmaterial, also mit Kreuzungstieren ebenfalls bestätigen. Als Beweis hierfür soll die nachstehende Zusammenstellung der einzelnen Geschwistertiere angeführt werden.

Geburtsgewichte:

der Sentatiere		der Stellatiere		der Sonjatiere	
Nr. 94	1,000 kg	Nr. 86	1,400 kg	Nr. 109	0,900 kg
„ 95	1,300 „	„ 87	1,300 „	„ 110	1,300 „
„ 98	0,950 „	„ 89	1,450 „	„ 111	1,200 „
„ 99	0,900 „	„ 90	1,100 „	„ 112	1,300 „
„ 100	1,050 „	„ 91	1,600 „	—	—
„ 101	1,300 „	„ 93	1,200 „	—	—
„ 102	1,100 „	—	—	—	—
„ 103	1,200 „	—	—	—	—
Gesamtgew.	8,800 kg		8,050 kg		4,700 kg
Im Durchschn.	1,100 „		1,342 „		1,175 „

4-Wochen-Gewichte:

Nr. 94	5,000 kg	Nr. 86	6,500 kg	Nr. 109	6,500 kg
„ 95	5,000 „	„ 87	5,500 „	„ 110	6,500 „
„ 98	4,500 „	„ 89	5,500 „	„ 111	7,500 „
„ 99	4,500 „	„ 90	4,500 „	„ 112	7,500 „
„ 100	4,000 „	„ 91	5,500 „	—	—
„ 101	6,500 „	„ 93	5,500 „	—	—
„ 102	5,000 „	—	—	—	—
„ 103	5,000 „	—	—	—	—
Gesamtgew.	39,500 kg		33,000 kg		28,000 kg
Im Durchschn.	4,938 „		5,500 „		7,000 „

Absatzgewicht:

der Sentatiere		der Stellatiere		der Sonjatiere	
Nr. 94	22,000 kg	Nr. 86	28,000 kg	Nr. 109	28,000 kg
„ 95	24,000 „	„ 87	27,000 „	„ 110	27,000 „
„ 98	23,000 „	„ 89	25,000 „	„ 111	31,000 „
„ 99	21,000 „	„ 90	26,000 „	„ 112	30,000 „
„ 100	22,000 „	„ 91	25,500 „	—	—
„ 101	26,000 „	„ 93	26,000 „	—	—
„ 102	25,000 „	—	—	—	—
„ 103	22,000 „	—	—	—	—
Gesamtgew.	185,000 kg		157,500 kg		116,000 kg
Im Durchschn.	23,125 „		26,250 „		29,000 „

Aus diesen Zahlen geht klar hervor, daß sich die Tiere aus zahlenmäßig geringeren Würfen besser zu entwickeln vermögen, daß also die Sonjanachkommen bei einer vergleichenden Betrachtung der einzelnen Geschwistertiere am günstigsten abschneiden. Das Muttertier Sonja selbst würde jedoch bei der Schweineleistungsprüfung schlechter bewertet werden, da das Gesamtwurfgewicht weit unter dem der anderen beiden Sauen steht. Hieraus geht einwandfrei hervor, daß ein Vergleich des 4-Wochen-Gewichtes eines Ferkels aus einem bestimmten mit demjenigen aus einem anderen Wurfe stets unzulässig ist. Eine objektive Vergleichsbasis schafft nur das 4-Wochen-Gewicht des gesamten Wurfes in Verbindung mit der jeweiligen Ferkelzahl in dem betreffenden Wurfe.

Nachstehend soll noch eine kurze Zusammenstellung der Gewichte der zur Mast aufgestellten Ferkel nach ihrer Abstammung angeführt werden:

Mutter	Kennzeichnung der Tiere	Geschlecht	Mittleres 4-Wochen-Gewicht in kg
Senta . . .	94, 95	männlich	5,000 kg
„ . . .	98, 99, 100, 101, 102, 103	weiblich	4,920 „
Stella . . .	86, 87, 89, 90	männlich	5,500 „
„ . . .	91, 93	weiblich	5,500 „
Sonja . . .	109, 110, 111, 112	„	7,000 „

Auf die besonders gute Wüchsigkeit der 4 Sonjatöchter ist bereits hingewiesen worden. Bei den beiden anderen Sauen ist eine annähernd gleiche Entwicklung sowohl der männlichen als auch der weiblichen Tiere festzustellen. Vergleicht man das 10-Wochen-Gewicht der Sonjanachkommen mit demjenigen der beiden anderen Gruppen, so geht daraus hervor, daß erstere mit 20,5 kg die Nachkommen von Senta und Stella um 4,75 bzw. 3,00 kg übertroffen haben. Auch die Nachkommen von Stella sind denen der Senta bereits um 2 kg überlegen. Daraus geht klar hervor, daß sich zahlenmäßig geringere Würfe bei weitem besser zu entwickeln vermögen als größere.

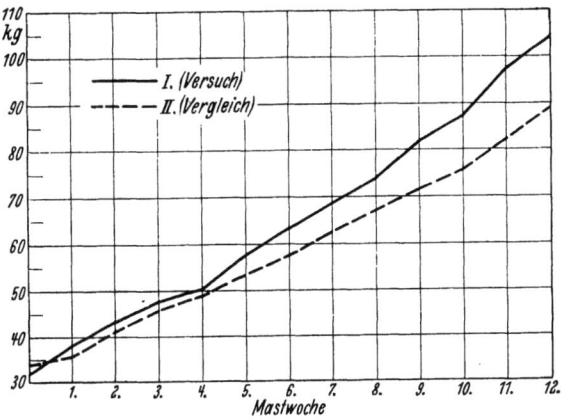
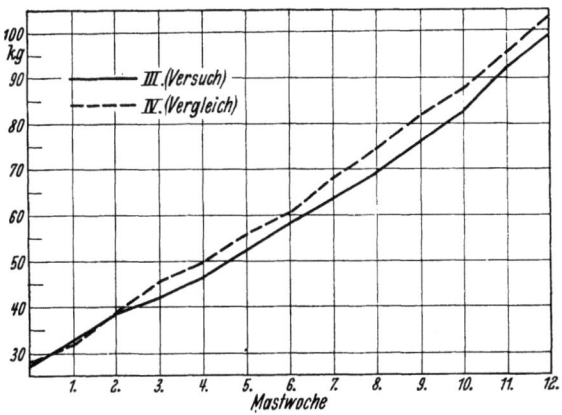
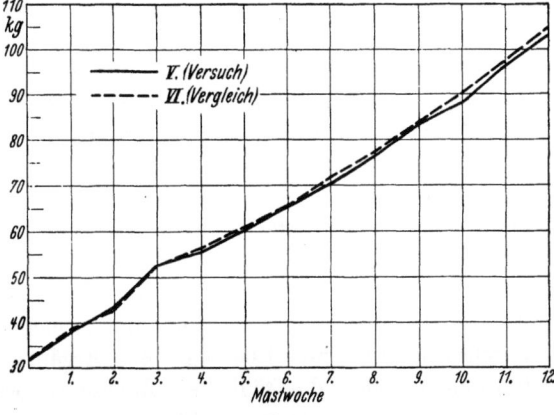

Abb. 2.

Als Grundlage für die Beurteilung der gewichtsmäßigen Entwicklung der Masttiere dienten die zu Beginn und am Ende der Mast, ferner die wöchentlich einmal, und zwar an jedem Montag, zur gleichen Tageszeit bis zum Ende der Mastperiode durchgeführten Einzelwägungen sämtlicher Tiere.

Die Ferkel wogen bei der Einstellung in den Versuch im Durchschnitt 30,740 kg. Die wöchentliche Zunahme der einzelnen Gruppen ist in den vorstehenden Kurvenbildern (S. 357) festgehalten (Abb. 2).

Es sei schon von vornherein darauf hingewiesen, daß ein Vergleich der Leistungen von Gruppe V und VI mit den Leistungen der Gruppen I bis IV nicht angängig ist, da die Tiere in Gruppe V und VI unter weit günstigeren Stallverhältnissen untergebracht werden konnten und zu $66^2/_3\%$ von der Zuchtsau Sonja, also aus dem zahlenmäßig geringsten Wurf, abstammten.

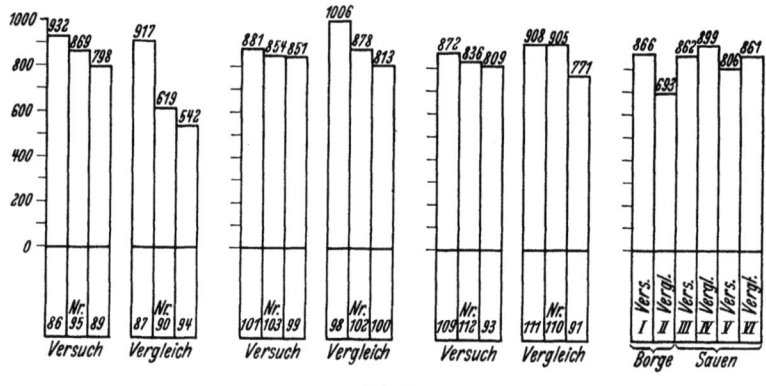

Abb. 3.

Im allgemeinen sind die täglichen Zunahmen aller Gruppen als ausgezeichnet anzusprechen. Die graphische Darstellung (Abb. 3) gibt Aufschluß über die täglichen Zunahmen jedes einzelnen Tieres, die auf eine Mastdauer von 12 Wochen berechnet sind. Aus ihr geht hervor, daß Gruppe IV die beste Zunahme mit durchschnittlich 899 g pro Tier und Tag während der gesamten Mastzeit erzielte. Diese Gruppe hat jedoch auch, wie schon oben gesagt wurde, den stärksten Kraftfutterverbrauch aufzuweisen. Auf die gesamte Mastdauer berechnet (12 Wochen), ergibt sich im Durchschnitt für Gruppe I eine tägliche Zunahme von 866 g, für die im Vergleich stehende Gruppe II 693 g, für Gruppe III eine solche von 862 g, gegenüber 899 g für Gruppe IV. Die Versuchsgruppe V steht mit 806 g unter der Vergleichsgruppe VI mit 861 g. Die höchste tägliche Zunahme erreichte Sau Nr. 98 aus der Vergleichsgruppe IV mit 1,006 kg. Zur Ergänzung der bisherigen Ausführungen sollen die täglichen Zunahmen während der Säugezeit und während der Mastzeit angeführt werden. Nachstehende

Zahlen veranschaulichen die täglichen Gewichtszunahmen je Tier während der ganzen Lebensdauer.

| In Gruppe: I | II | III | IV | V | VI |
g	g	g	g	g	g
609	541	587	609	615	618

Die höchste Zunahme erzielte Vergleichssau Nr. 111 aus Gruppe VI mit 675 g.

Von besonderer Bedeutung dürfte hier ein Vergleich der wöchentlichen Zunahmen der mit Hodenpräparat beigefütterten Tiere in Gruppe I mit denjenigen aus dem Versuch von *Krüger* sein*. Die graphische Darstellung (Abb. 4) läßt erkennen, daß die Lebendgewichtszunahmen in beiden Gruppen annähernd parallel verlaufen. Der Einfluß der verabreichten Hodenpräparate läßt sich bei beiden Gruppen

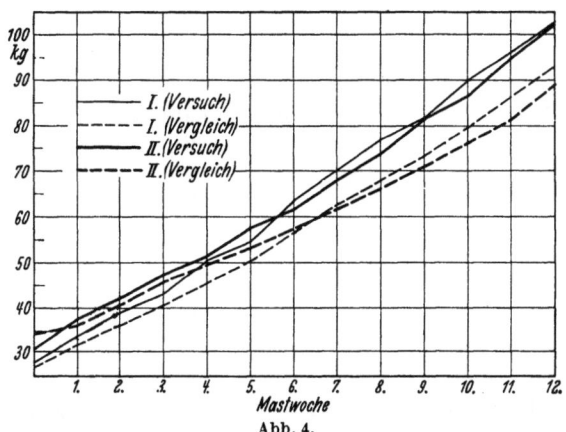

Abb. 4.

nach der 4. bis 5. Mastwoche klar erkennen. Von der ersten bis 4. Mastwoche verliefen die Kurven der Versuchs- sowie der Vergleichstiere gleichmäßig, während sie nach 4 bzw. 5 Mastwochen erheblich ansteigen und mit der Dauer der Mast sich immer mehr von den Vergleichsgruppen entfernen. Daraus geht hervor, daß eine offensichtlich positive Reaktion durch die Hodenhormonpräparate nach 3—4 Wochen ausgelöst wird.

e) Die Auswertung der Versuche.

Auch bei den vorliegenden Mästungsversuchen konnte nicht an eine Einzelfütterung der Masttiere gedacht werden, da die hierzu erforderlichen Räumlichkeiten nicht vorhanden waren. Die als normal zu be-

---

* Allerdings waren die Tiere *Krügers* veredelte Landschweine, die des vorliegenden Versuches aber Kreuzungstiere (veredeltes Landschwein X-Berkshire).

zeichnende Entwicklung aller Versuchstiere läßt eine Verwertung des gewonnenen Zahlenmaterials nach Gruppen ohne weiteres zu.

Zur Erzeugung von 1 kg Lebendgewichtszunahme waren im Durchschnitt erforderlich:

In den ersten 4 Wochen:

In Gruppe	Schrot-Eiweißgemisch	Verdaul. Eiweiß	Stärkewerte
I	3,805 kg	598 g	2,732 kg
II	3,981 „	625 g	2,852 „
III	3,316 „	547 g	2,497 „
IV	3,334 „	528 g	2,410 „
V	3,562 „	560 g	2,354 „
VI	3,615 „	568 g	2,591 „

In den zweiten 4 Wochen:

I	4,497 kg	706 g	3,221 kg
II	5,332 „	838 g	3,932 „
III	4,606 „	723 g	3,300 „
IV	4,262 „	670 g	3,053 „
V	4,701 „	739 g	3,367 „
VI	4,531 „	712 g	3,247 „

In den letzten 3 Wochen des zweiten Mastabschnittes wurden verbraucht:

I	4,427 kg	523 g	3,162 kg
II	4,314 „	509 g	3,081 „
III	4,371 „	516 g	3,121 „
IV	4,560 „	538 g	3,256 „
V	4,899 „	579 g	3,500 „
VI	4,601 „	543 g	3,286 „

Unterzieht man das vorliegende Zahlenmaterial einer eingehenden Betrachtung, so läßt sich erkennen, daß die Futterverwertung von den ersten zu den zweiten 4 Wochen schlechter wurden. Damit wird bestätigt, daß der Nährstoffbedarf zur Erzeugung von 1 kg Lebendgewicht mit fortschreitender Mast ansteigt. Auffallend erscheint jedoch der zum Teil geringere Nährstoffbedarf in den letzten 3 Wochen. Diese Tatsache findet ihre Erklärung darin, daß die Lebendgewichtszunahme der einzelnen Tiere in dem betreffenden Mastabschnitt besonders hoch waren. In den ersten und zweiten 4 Wochen schnitt die Vergleichsgruppe II des Hodenhormonversuches in bezug auf Futterverwertung am ungünstigsten ab, während die Vergleichsgruppe IV des Ovarialhormonversuches die besten Ergebnisse zeitigte. Der letzte Mastabschnitt zeigt ein ganz anderes Bild. Hier steht sonderbarerweise die Hodenvergleichsgruppe II an erster Stelle, und die Thymusversuchsgruppe V rückt an die letzte. Um diese plötzliche Änderung zu verstehen, sei auf die relativ geringe Nahrungsaufnahme der Hodenvergleichsgruppe im Gegensatz zur Thymusversuchsgruppe hingewiesen, die trotz hoher Nahrungsaufnahme relativ geringere Zunahmen erkennen läßt. Vergleicht man weiterhin die einzelnen Versuchs- und

Vergleichsgruppen untereinander, so läßt sich beim Hodenhormonversuch in den ersten 4 Wochen eine Überlegenheit insofern feststellen, als hier zur Erzeugung von 1 kg Lebendgewicht weniger Nährstoffe, also auch weniger verdauliches Eiweiß und Stärkewerte, erforderlich waren. Die Hodenpräparat-Beifütterung bewirkte also eine Verbilligung der Fleichproduktion bei den Versuchstieren. Daß die Hodenvergleichsgruppe in den letzten 3 Mastwochen in der Futterverwertung plötzlich über der Versuchsgruppe steht, läßt sich nur dadurch erklären, daß die betreffenden Versuchstiere während dieser Zeit erheblich mehr Nährstoffe zu sich nahmen, und daß sie trotz ausgezeichneter Lebendgewichtszunahmen doch nicht eine entsprechende Futterverwertung erzielen konnten. Dieses Minus wird durch die günstigen Ergebnisse der ersten beiden 4 Wochen bei weitem ausgeglichen.

Es gilt hier das gleiche wie in dem ersten Hodenhormonversuch von *Krüger*. Da das vorliegende Material aus Kreuzungstieren (veredeltes Landschwein × Berkshire) stammte, liegt die Lebendgewichtsgrenze, bei deren Überschreitung die Rentabilität der Mast trotz vorzüglicher Zunahmen für jeden Masttag mehr vermindert wird, zwischen 85 und 95 kg. Aus rein rechnischen Gründen und im Interesse einer exakten Durchführung der Schlachtbeobachtungen mußten aber die Tiere länger, nämlich bis zu einem Lebendgewicht von 104 kg gehalten werden.

Etwas anders liegen die Verhältnisse im Ovarialhormonversuch. Die Futterverwertung schwankt hier einmal zugunsten der Versuchsgruppe in den ersten 4 Wochen, dann zugunsten der Vergleichsgruppe in den zweiten 4 Wochen. In der letzten Matperiode übertrifft die Versuchsgruppe wieder die Vergleichsgruppe. Im Durchschnitt weist sie ein günstigeres Ergebnis in bezug auf die Futterverwertung auf. Ob die Wirkung des Ovarialpräparates hierin zu sehen ist, läßt sich an Hand dieses Versuches nicht entscheiden. Trotzdem kann gesagt werden, daß das weibliche Keimdrüsenhormon keinen die Mastleistung steigernden Einfluß auszuüben vermochte. Das gleiche gilt für den Thymushormonversuch.

Zur Berechnung der Futterkosten für 1 kg Lebendgewichtszunahme wurden die tatsächlich gezahlten Preise für die angekauften Futtermittel zugrunde gelegt.

Es wurden gezahlt für 100 kg:
Gerstenschrot . . . . 21,50 RM.
Roggenschrot . . . . 18,40 „
Dorschmehl . . . . 47,70 „
Fleischmehl . . . . 45,70 „
Schlämmkreide . . . . 6,00 „

Unter Berücksichtigung der wechselnden prozentualen Anteile der einzelnen Futtermittel im Futtergemisch errechnet sich der Preis für 1 kg Kraftfutter:

In der 1. Periode auf . . . . 25,2 Pfg.
„ „ 2. „ „ . . . . 22,9 „

Somit betrugen die Futterkosten zur Erzeugung von 1 kg Lebendgewichtszunahme in den einzelnen Gruppen:

Mastzeit	Börge		Kastrierte Sauen		Nichtkastr. Sauen	
	Gruppe I RM.	II RM.	III RM.	VI RM.	V RM.	VI RM.
In den ersten 4 Wochen .	0,97	1,01	0,88	0,86	0,99	0,92
„ „ zweiten 4 „ . .	1,11	1,22	1,16	1,08	1,18	1,16
„ „ letzten 3 Wochen .	1,01	0,99	0,98	1,01	1,12	1,05
Im Durchschnitt während der ganzen Mastzeit . .	1,03	1,07	1,01	0,98	1,10	1,04

Die Betrachtung vorstehenden Zahlenmaterials läßt erkennen, daß die Kosten zur Erzeugung von 1 kg Lebendgewicht in den ersten 4 Wochen bei den Tieren der Vergleichsgruppe IV mit 0,86 RM. am niedrigsten ausfielen, während sie in den zweiten 4 Wochen in Vergleichsgruppe II mit 1,22 RM. pro Kilogramm Lebendgewicht am ungünstigsten anzusprechen sind.

Ein Vergleich der Futterkosten zwischen den einzelnen Hormonversuchen ist infolge des verschiedenen Geschlechtes und der nur teilweise vorgenommenen Kastration der Sauen nicht zulässig. Aus diesen Gründen können nur die Kosten zur Erzeugung von 1 kg Lebendgewichtszunahme verglichen werden:

1. Zwischen Gruppe I und II
2. „ „ III „ IV
3. „ „ V „ VI

In den ersten 8 Mastwochen stellen sich die Futterkosten pro 1 kg Zuwachs in der Hodenhormonversuchsgruppe um 4—11 Pfg. pro Tier niedriger als in der zum Vergleich aufgestellten Gruppe II. Die um 2 Pfg. höheren Kosten für 1 kg Lebendgewichtszunahme der Gruppe I in den drei letzten Mastwochen erklären sich wieder aus der Tatsache, daß diese Tiere auf Grund ihrer besseren Zunahmen schon eher hätten dem Schlachthof zugeführt werden müssen. Das Kilogramm Lebendgewicht wurde durch die Verabreichung von Hodenhormonpräparat um 4 Pfg. billiger hergestellt als bei geschnittenen Eberferkeln ohne Keimdrüsenhormonzufuhr*.

* Dabei sind die Kosten für die Beschaffung der Hoden und die Herrichtung des Präparates nicht berücksichtigt worden, weil ein allgemein gültiger Posten zur Zeit hierfür nicht angesetzt werden kann. Diese Kosten wären also später dem Plus von 4 Pfg bei der Erzeugung von 1 kg Lebendgewicht gegenüberzustellen.

Wären die Tiere des Hodenhormonversuches aus Gruppe I bereits am Ende der 10. Mastwoche, wo sie ein mittleres Lebendgewicht von 96,3 kg erreicht hatten, abgestoßen worden, dann würde das Kilogramm Zuwachs im Mittel für die gesamte Mastzeit noch weniger Kosten verursacht haben.

Für den Ovarial- und den Thymushormonversuch gelten annähernd die gleichen Verhältnisse. Die Futterkosten zur Erzeugung von 1 kg Lebendgewicht stellten sich in den beiden Versuchsgruppen um ein Geringes höher als diejenigen in den Vergleichsgruppen.

An dieser Stelle sei auf die Kurvenbilder (Abb. 5) hingewiesen, welche die in den einzelnen Wochen erzielten Zunahmen und die dafür erforderlichen Futtermengen, ausgedrückt in Reichsmark, wiedergeben.

f) Die Rentabilitätsberechnung.

Der Rentabilitätsberechnung wurden die obenerwähnten Futtermittelpreise und der Erlös von 1,26 RM. je Kilogramm Lebendgewicht zugrunde gelegt. Um den Gang der Berechnung klarzustellen, sei sie an dieser Stelle in ihren Einzelheiten an dem Stella-Tier Nr. 86 durchgeführt. Dem Wurf entstammen 8 Ferkel, von denen allerdings zwei nach wenigen Tagen verendet sind. Trotzdem muß mit

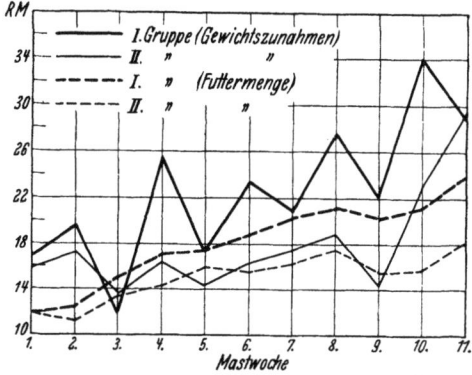
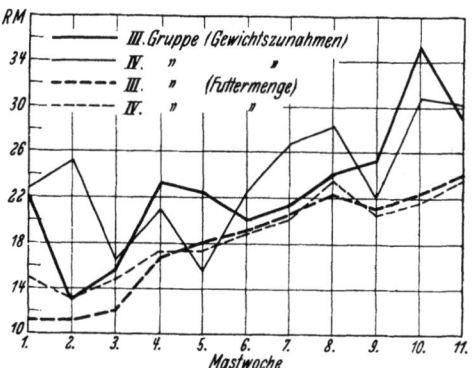
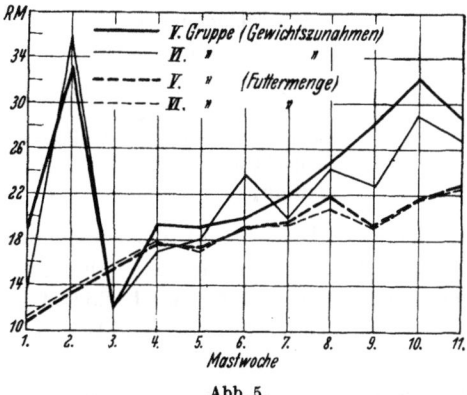

Abb. 5.

8 Stück weitergerechnet werden. Die Kosten für den Futterverbrauch berechnen sich folgendermaßen:

1. Für die tragende Sau:
   pro Tag 1,5 kg Grundfutter . . . . 0,30 RM.
   „ „ 1 „ Kraftfutter . . . . 0,25 „
                                            0,55 RM.
   In 116 Tagen = 116 × 0,55 = 63,80 : 8 . . . 7,98 RM. pro Ferkel.

2. Für das Muttertier während der Säugezeit:
   pro Tag 1,5 kg Grundfutter . . . . 0,30 RM.
   „ „ 4 „ Kraftfutter . . . . 1,00 „
                                              1,30 RM.
   In 77 Tagen = 77 × 1,30 = 100,10 : 6 . . 16,68 RM. pro Ferkel.
   Die Gesamtfutterkosten für die Sau betragen demnach pro Ferkel . . . . 24,66 RM.

3. Für das Ferkel von der 4. bis 8. Lebenswoche:
   pro Tag 0,428 kg Kraftfutter 1 kg à 0,25 RM. = 3,00 RM.

4. Für das Ferkel von der 8. bis 11. Lebenswoche:
   pro Tag 0,750 kg Kraftfutter 1 kg à 0,25 RM. = 3,93 RM.

5. Für Haltung und Pflege der Sau (193 Tage) und der Ferkel (77 Tage), zusammen 270 Tage zu je 0,06 RM. 270 × 0,06 = 16,20 RM : 6 . . . . 2,70 RM. pro Ferkel.
   Demnach betragen die Selbstkosten für das Ferkel 34,29 RM.
   Als weitere Unkosten kommen hinzu

6. Futterverbrauch während der Mast:
                  Gerstenschrot . . . . 39,63 RM.
                  Roggenschrot . . . . 13,91 „
                  Fleischmehl . . . . 8,67 „
                  Dorschmehl . . . . 11,09 „
                  Schlämmkreide . . . . 0,18 „
                  Gesamtfutterverbrauch . . . 73,48 RM.

7. Haltung und Pflege pro Tier und Tag . . . . . 0,10 RM.
                  Somit in 88 Masttagen . . . . 8,80 „
                  Demnach Summe der Unkosten . . . . . 116,57 „
                  Schlachtpreis . . . . 133,82 „
                  Gewinn . . . . 17,25 „

Aus der Übersicht auf S. 365 über die Rentabilität geht hervor, daß in jeder Gruppe ein Tier einen besonders hohen Reingewinn erzielte, wie z. B. in Gruppe I Nr. 86: 17,25 RM., in Gruppe II Nr. 87: 23,89 RM., in Gruppe III Nr. 101: 18,60 RM., in Gruppe IV Nr. 98: 24,24 RM., in Gruppe V Nr. 109: 8,23 RM. und in Gruppe VI Nr. 111: 17,30 RM. Demgegenüber stehen in jeder Gruppe auch Tiere mit sehr geringem Gewinn, ja sogar mit Verlust. Beispielsweise brachte in Gruppe I Versuchsborg Nr. 89 3,17 RM., und in Gruppe II Vergleichsborg Nr. 90 und 94 6,34 RM. bzw. 13,10 RM. Verlust. Dieser wird jedoch durch die anderen in den beiden Gruppen stehenden Tiere, welche einen höheren Gewinn erbrachten, ausgeglichen, so daß der Überschuß pro Tier im Durchschnitt bestehen bleibt. Der Gewinn beläuft sich pro Tier auf:

    8,44 RM. in Gruppe I   1,48 RM. in Gruppe II
   11,46 ,, ,, ,, III   12,48 ,, ,, ,, IV
    4,97 ,, ,, ,, V   8,60 ,, ,, ,, VI.

Übersicht über die Rentabilität d. i. Versuch stehenden Tiere.

Nummer des Tieres	Selbstkosten für das Ferkel	Gesamtfutterverbrauch der Mast	Haltung und Pflege	Summe der Unkosten	Erlös aus dem Schlachtviehhof	Gewinn oder Verlust	Reinerlös aus der Mast*
\multicolumn{8}{c}{Versuchsgruppe I (Börge).}
86	34,29	73,48	8,80	116,57	134,82	+ 18,25	52,54
89	34,29	73,48	8,80	116,57	113,40	− 3,17	31,12
95	24,66	73,48	8,80	106,94	117,18	+ 10,24	34,90
i. Mittel:	31,08	73,48	8,80	113,36	121,80	+ 8,44	39,52
\multicolumn{8}{c}{Vergleichsgruppe II (Börge).}
87	34,29	64,06	8,80	107,15	131,04	+ 23,89	58,18
90	34,29	64,06	8,80	107,15	100,80	− 6,35	27,94
94	24,66	64,06	8,80	97,52	84,42	− 13,10	11,50
i. Mittel:	31,08	64,06	8,80	103,94	105,42	+ 1,48	32,54
\multicolumn{8}{c}{Versuchsgruppe III (geschn. Sauen).}
99	24,66	72,68	8,80	106,14	112,14	+ 6,00	30,66
101	24,66	72,68	8,80	106,14	124,74	+ 18,60	43,26
103	24,66	72,68	8,80	106,14	115,92	+ 9,78	34,44
i. Mittel:	24,66	72,68	8,80	106,14	117,60	+ 11,46	36,12
\multicolumn{8}{c}{Vergleichsgruppe IV (geschn. Sauen).}
98	24,66	75,86	8,80	109,32	133,56	+ 24,24	48,90
100	24,66	75,86	8,80	109,32	113,40	+ 4,08	28,74
102	24,66	75,86	8,80	109,32	118,44	+ 9,12	33,78
i. Mittel:	24,66	75,86	8,80	109,32	121,82	+ 12,48	37,14
\multicolumn{8}{c}{Versuchsgruppe V (ungeschn. Sauen).}
93	34,29	74,37	8,80	117,46	118,44	+ 0,98	35,27
109	35,86	74,37	8,80	119,03	127,26	+ 8,23	44,09
112	35,86	74,37	8,80	119,03	124,74	+ 5,69	40,30
i. Mittel:	35,34	74,37	8,80	118,51	123,48	+ 4,97	40,30
\multicolumn{8}{c}{Vergleichsgruppe VI (ungeschn. Sauen).}
91	34,29	74,12	8,80	117,21	117,18	+ 0,03	34,32
110	35,86	74,12	8,80	118,78	127,26	+ 8,48	44,34
111	35,86	74,12	8,80	118,78	136,08	+ 17,30	53,16
i. Mittel:	35,34	74,12	8,80	118,26	126,84	+ 8,60	43,94

* Ohne Berücksichtigung des Ferkelpreises.

Es war demnach durch die Hodenhormonbeifütterung an kastrierte Eberferkel während der gesamten Mastzeit ein Mehrgewinn von rund 7 RM. pro Tier erzielt worden. Durch die Ovarialpräparatbeigabe an kastrierte Sauferkel verminderte sich der Gewinn je Tier um 1,02 RM. gegenüber dem Gewinn pro Kopf aus Gruppe IV. Da die Verabreichung von Thymushormonpräparat die Mastleistung in Gruppe V nicht zu steigern vermochte, schneidet auch Gruppe VI mit einem um 3,63 RM. höheren Gewinn pro Tier ab.

Um einen Vergleich mit den Ergebnissen des ersten Hormonversuches (*Krüger*) herbeiführen zu können, ist es erforderlich, für beide Versuche die gleichen Futtermittel- und Schlachtviehpreise der Berechnung zugrunde zu legen. Es wurden bei *Krügers* Versuchen für 1 kg Lebendgewicht 1,50 RM. bezahlt und für 100 kg:

> Gerstenschrot . . . . 26,00 RM.
> Roggenschrot . . . . 18,40 ,,
> Dorschmehl . . . . 45,00 ,,
> Fleischmehl . . . . 44,00 ,,
> Schlämmkreide . . . . 7,00 ,,

Der Preis für 1 kg Futtergemisch belief sich demnach in der

> 1. Periode auf . . . . 27,3 Pfg.
> 2. ,,   ,, ... 25,7 ,,

Bei der Gegenüberstellung der vorliegenden Versuchsergebnisse mit denjenigen von *Krüger* läßt sich im allgemeinen derselbe Erfolg beobachten.

Auch im ersten Hormonversuch findet sich in jeder Gruppe ein Tier, das einen besonders hohen Erlös erzielte. Unter Zugrundelegung der für Hormonversuch 1 geltenden Gestehungskosten und Erlöse würde Versuchsgruppe I aus Hormonversuch 2 einen Reingewinn von 24,24 RM. pro Tier erbringen, während dieselbe Gruppe im Hormonversuch 1 nur mit einem Plus von durchschnittlich 22,70 RM. abschloß. Auch in den beiden Vergleichsgruppen, die in dem einen Fall 17,11 RM. und in dem anderen 19,74 RM. Reingewinn erzielten, ist kein wesentlicher Unterschied zu bemerken. Diese Resultate geben den klaren Beweis dafür, daß die Beifütterung von Hodenpräparat an kastrierte Eberferkel einen unbedingt günstigen Einfluß auf die Mastfähigkeit ausübt, daß also durch sie ein höherer Reingewinn erzielt werden kann, und zwar sogar dann, wenn, der Erbanlage nach, noch frühreifere Masttiere, wie die im vorliegenden Versuche stehenden Berkshire-Kreuzungen, mit Keimdrüsenhormonen beigefüttert werden.

Der Vergleich der beiden Ovarialhormonversuche ließ in keinem Falle eine Rentabilität erkennen. Im Ovarialhormonversuch brachte die Versuchsgruppe 20,68 RM und die Vergleichsgruppe 30,15 RM. Gewinn je Tier, während im vorliegenden Versuch 2 26,24 RM. bzw.

27,95 RM Reingewinn erzielt worden wären. Daß die Ergebnisse zwischen den beiden Gruppen im 1. Versuch so weit differieren, liegt darin begründet, daß bei diesen, seinerzeit nichtkastrierten Tieren durch Beifütterung von Ovarialpräparat die Brunst ausgelöst wurde, so daß die Nahrungsaufnahme eine Störung erfuhr.

Das negative Ergebnis beider Versuche muß zu dem Schlusse führen, daß die Verabreichung von weiblichen Keimdrüsenhormonen sowohl an nichtkastrierte als auch an geschnittene Sauferkel nicht geeignet ist, die Mastleistungen zu steigern!

Um ein noch klareres Bild über die Ergebnisse der Rentabilitätsberechnung für die Hormonversuche 1 und 2 zu gewinnen, sei auf folgende Tabelle hingewiesen. Unter Versuch 1 sind *Krügers* Hormonversuche an veredelten Landschweinen, und unter Versuch 2 sind die Hormonversuche des Verf. mit Kreuzungstieren zu verstehen.

Übersicht über die Rentabilität je Tier in Mark.

Versuch	Selbstkosten je Ferkel	Gesamtkraftfutterverbrauch der Mast	Haltung und Pflege	Summe der Unkosten	Erlös aus dem Schlachtviehhof	Reingewinn	Reinerlös aus der Mast*
			Börge (Versuch).				
1	30,52	124,09	11,50	166,11	176,31	+ 22,70	53,22
2	31,08	80,95	8,80	120,83	145,00	+ 24,24	55,25
			Börge (Vergleich).				
1	30,76	111,93	11,37	154,06	174,00	+ 19,94	50,70
2	31,08	68,44	8,80	108,39	125,50	+ 17,11	48,23
			Sauen (Versuch).				
1	31,23	113,06	11,90	156,35	176,87	+ 20,68	51,91
2	24,66	80,30	8,80	113,76	140,00	+ 26,24	50,90
			Sauen (Vergleich).				
1	31,70	112,75	11,90	156,35	186,50	+ 30,15	61,85
2	24,66	83,59	8,80	117,05	145,00	+ 27,95	52,61

Bei Betrachtung obenstehender Übersicht tritt ein Unterschied zwischen den zwei Hodenhormonversuchsgruppen insofern zutage, als bei Versuch 1 ein Plus von 2,76 RM. pro Tier, bei Versuchsgruppe 2 von 7,13 RM. pro Tier zugunsten der Versuchstiere bestand. Diese Differenz hat ihren Grund zweifellos darin, daß im ersten Versuch die Tiere einige Wochen zu spät, und zwar mit einem mittleren Lebendgewicht von 121 kg, dem Schlachthof zugeführt wurden, und daß sie nach Überschreitung der Grenze 110 kg wohl gute Zunahmen, nämlich über 1000 g pro Kopf und Tag, aufweisen, die aber trotzdem in keinem Verhältnis zum Futter standen.

---

* Ohne Berücksichtigung des Ferkelpreises.

g) Zusammenfassung der Ergebnisse des Mastversuches.

Die Ergebnisse der Fütterungsversuche lassen sich folgendermaßen zusammenfassen:

1. Die Verfütterung von Hodenpräparat an kastrierte Eberferkel wirkt bei der Schnellmast auf die Lebendgewichtszunahme günstig ein. Die erforderliche Dosis liegt zwischen 1—1,5 g Hodenpräparat auf 100 kg Lebendgewicht pro Tag.

2. Die durchschnittlichen täglichen Zunahmen der einzelnen Tiere stellten sich durch die Hormonbeigabe um 161 g höher als bei den zum Vergleiche herangezogenen Vollgeschwistern.

3. Durch die Hodenhormonzufütterung trat eine Verkürzung der Mastdauer um 4—5 Wochen ein. Es ist somit für die als Material verwendeten Kreuzungstiere (Berkshire × veredeltes Landschwein) die gleiche Wirkung der männlichen Keimdrüsenhormone wie beim veredelten Landschwein als erwiesen zu betrachten.

4. Durch die Hodenhormonzufuhr wurden im Durchschnitt pro Tier innerhalb einer Mastdauer von 11 Wochen 14,33 kg Fleisch mehr erzeugt als bei den Tieren der Vergleichsgruppe.

5. Das Kilogramm Lebendgewicht wurde durch die Verabreichung von Hodenhormonpräparat um 4 Pfg. billiger hergestellt als bei geschnittenen Eberferkeln ohne Keimdrüsenhormonzufuhr.

6. Durch Beifütterung von Ovarialpräparat mit Corpus luteum ohne Follikelflüssigkeit an kastrierte Sauen war kein Erfolg zu erzielen. Es hatte vielmehr den Anschein, als ob das Präparat einen hemmenden Einfluß auf die gewichtsmäßige Entwicklung der einzelnen Tiere ausübte.

7. Die Verabreichung von Thymusdrüsenpräparat an ungeschnittene Sauen führte zu keinem Erfolg. Die Versuchsgruppe reagierte in keiner Weise auf das Präparat, so daß die Entwicklung beider Gruppen in jeder Beziehung parallel verlief.

II. Teil.

C. Die Ausschlachtungsergebnisse.

a) Die Feststellungen am Tage der Schlachtung.

Auf das Ziel der Arbeiten und die Durchführung der Schlachtbeobachtungen näher einzugehen, erübrigt sich an dieser Stelle, da *Krüger* in seiner Arbeit umfassend darüber berichtet.

Kurz nach der Ankunft auf dem Schlachthof wurden die Tiere von dem zuständigen Tierarzt untersucht und als völlig gesund befunden. Nach der Schlachtung erhielt jedes Tier, um bei den später vorzunehmenden Untersuchungen Unklarheiten zu vermeiden, nach dem Brühen und Abschaben die entsprechende Ohrnummer auf die Bauchseite auf-

Lebendgewicht der Tiere unmittelbar vor der Schlachtung am 20. V. 1930, Gewicht der ausgeschlachteten Tiere und Schlachtverlust.

Nummer der Tiere	Lebendgewicht kg	Gewicht der beiden Hälften kg	Schlachtverlust kg
\multicolumn{4}{c}{Versuchsgruppe I (Börge).}			
86	107,0	88,5	18,5
89	90,0	74,0	16,0
95	93,0	76,5	16,5
im Mittel:	96,7	79,7	17,0
Vergleichsgruppe II (Börge).			
87	104,0	87,0	17,0
90	80,0	66,5	13,5
94	67,0	53,0	14,0
im Mittel:	83,7	68,8	14,8
Versuchsgruppe III (kastr. Sauen).			
99	89,0	72,5	16,5
101	99,0	80,5	18,5
103	92,0	74,5	17,5
im Mittel:	93,3	75,8	17,5
Vergleichsgruppe IV (kastr. Sauen).			
98	106,0	88,0	18,0
100	90,0	75,0	15,0
102	94,0	78,5	15,5
im Mittel:	96,7	80,5	16,2
Versuchsgruppe V (nichtkastr. Sauen).			
93	94,0	77,5	16,5
109	101,0	83,5	17,5
112	99,0	81,0	18,0
im Mittel:	98	80,7	17,3
Vergleichsgruppe VI (nichtkastr. Sauen).			
91	93,0	76,0	17,0
110	101,0	83,0	18,0
111	108,0	89,0	19,0
im Mittel:	100,7	82,6	18,0

gezeichnet. Hierauf erfolgte nach Entfernung der Eingeweide das Aufhauen der Tiere und Wiegen der beiden Hälften. Vorstehende Übersicht gibt über das Gewicht der lebenden Tiere unmittelbar vor der Schlachtung, der ausgeschlachteten Tiere und den Schlachtverlust Aufschluß.

Der aus der Differenz zwischen dem kurz vor dem Schlachten ermittelten Lebendgewicht und dem Gewicht der beiden ausgekühlten Hälften sich errechnende Gesamtverlust beläuft sich bei den einzelnen Tieren auf:

Börge.

Nr.	Gesamtschlachtverlust %	Schlachtprozente	Nr.	Gesamtschlachtverlust %	Schlachtprozente
Gruppe I (Versuch).			Gruppe II (Vergleich).		
86	17,91	82,09	87	17,41	82,59
89	18,14	81,86	90	18,25	81,75
95	19,17	80,83	94	21,73	78,27
im Mittel:	18,41	81,59		19,13	80,87
Kastrierte Sauen.					
Gruppe III (Versuch).			Gruppe IV (Vergleich).		
99	19,29	80,71	98	17,50	82,50
101	19,59	80,41	100	17,64	82,36
103	20,11	79,89	102	17,08	82,92
im Mittel:	19,66	80,34		17,41	82,59
Nichtkastrierte Sauen.					
Gruppe V (Versuch).			Gruppe VI (Vergleich).		
93	18,85	81,15	91	18,99	81,01
109	18,31	81,69	110	18,58	81,42
112	19,26	80,74	111	18,20	81,80
im Mittel:	18,81	81,19		18,59	81,41

Der durchschnittliche Schlachtverlust beträgt bei der Versuchsgruppe der Börge 18,41% und bei der entsprechenden Vergleichsgruppe 19,13%; bei der Versuchsgruppe der geschnittenen Sauen 19,66% und der dazu gehörigen Vergleichsgruppe 17,41%. Während im Hodenhormonversuch nur der geringe Unterschied im Schlachtverlust von 0,72% zwischen Versuchs- und Vergleichsgruppe besteht, läßt sich im Ovarialversuch doch eine merkliche Differenz feststellen; denn die Vergleichsgruppe IV schneidet — wie überhaupt im ganzen Versuch in jeder Beziehung — um über 2,25% besser ab. In dem Versuch von Thymusdrüsenpräparaten ist kein wesentlicher Unterschied zwischen Versuchs- und Vergleichsmaterial zu beobachten. Im allgemeinen sind die Schlachtverluste bei allen Tieren als sehr gut zu bezeichnen, wenn nach den Angaben von Borsch[3] für Schweine mit den vorliegenden Lebendgewichten unter 8 Monaten 20—22% Schlachtverluste als normal bezeichnet werden.

Die Ausbeute.

Nummer des Tieres	Herz, Lunge, Leber, Zunge %	„Mittel", d. h. (Darmfett und Weißleber) %	Summa %
\multicolumn{4}{c}{Versuchsgruppe I (Börge).}			
86	3,69	1,49	5,18
89	3,89	1,67	5,56
95	4,59	1,50	6,09
\multicolumn{4}{c}{Vergleichsgruppe II.}			
87	2,94	1,63	4,57
90	3,62	1,32	4,94
94	4,25	1,50	5,75
\multicolumn{4}{c}{Versuchsgruppe III (kastrierte Sauen).}			
99	3,98	2,70	6,68
101	4,09	1,30	5,39
103	3,65	1,63	5,28
\multicolumn{4}{c}{Vergleichsgruppe IV.}			
98	3,88	1,60	5,48
100	3,71	2,00	5,71
102	4,04	1,75	5,79
\multicolumn{4}{c}{Versuchsgruppe V (nichtkastrierte Sauen).}			
93	3,94	1,38	5,32
109	3,71	1,48	5,19
112	3,91	1,48	5,39
\multicolumn{4}{c}{Vergleichsgruppe VI.}			
91	4,09	1,93	6,02
110	4,26	1,68	5,94
111	1,92	2,59	4,51

Der tatsächliche Verlust beträgt demnach:

Börge.

Nr.	kg	%	Nr.	kg	%
Gruppe I (Versuch).			Gruppe II (Vergleich).		
86	13,610	12,71	87	13,355	12,84
89	11,330	12,59	90	10,650	13,31
95	12,160	13,08	94	10,710	15,98
\multicolumn{6}{c}{Kastrierte Sauen.}					
Gruppe III (Versuch).			Gruppe IV (Vergleich).		
99	1,220	12,61	98	12,750	12,03
101	15,040	15,19	100	10,740	11,93
103	13,650	14,84	102	10,600	11,28
\multicolumn{6}{c}{Nichtkastrierte Sauen.}					
Gruppe V (Versuch).			Gruppe VI (Vergleich).		
93	12,720	13,53	91	12,060	12,97
109	13,240	13,11	110	12,770	12,64
112	13.620	13,76	111	14,790	13,69

Der tatsächliche Schlachtverlust ist bei Versuchsborg Nr. 99 aus Gruppe III mit 11,22% am niedrigsten und bei Vergleichsborg Nr. 94 aus Gruppe II mit 15,58% am höchsten.

Der mittlere tatsächliche Verlust von den 18 Versuchstieren beträgt 13,25%.

b) Die Feststellungen 24 Stunden nach der Schlachtung.
1. Der Kühlverlust.

Am Tage nach der Schlachtung wurden beide Hälften, nachdem sie 24 Stunden im Kühlraum bei $+4°$ gehangen hatten, zwecks Ermittlung des Kühl- bzw. Trocknungsverlustes abermals gewogen.

Eine Betrachtung des nachstehenden Zahlenmaterials läßt bei Gruppe I im Vergleich zu Gruppe II einen prozentual geringeren Kühlverlust erkennen. Diese Tatsache spricht für die Annahme, daß durch die Hodenhormonbeifütterung an kastrierte Eber das Zellsafthaltungsvermögen des Fleisches günstig beeinflußt worden ist[*]. Bei der Auswertung der Muskelfasermessungen soll auf das Zellsafthaltungsvermögen noch näher eingegangen werden.

Der Kühl- bzw. Trockenverlust.
Börge.

Nr.	kg	%	Nr.	kg	%
Gruppe I (Versuch).			Gruppe II (Vergleich).		
86	0,660	0,746	87	1,110	1,276
89	0,330	0,446	90	1,100	1,659
95	1,330	1,739	94	0,560	1,057
im Mittel:	0,773	0,877		0,923	1,331
Kastrierte Sauen.					
Gruppe III (Versuch).			Gruppe IV (Vergleich).		
99	0,660	0,913	98	0,550	0,625
101	0,890	1,154	100	0,880	1,173
103	1,000	1,342	102	0,550	0,701
im Mittel:	0,850	1,136		0,660	0,833
Nichtkastrierte Sauen.					
Gruppe V (Versuch).			Gruppe VI (Vergleich).		
93	1,220	1,574	91	0,660	0,868
109	0,990	1,186	110	0,770	0,928
112	1,070	1,321	111	0,660	0,742
im Mittel:	1,093	1,360		0,697	0,846

Der hohe Kühlverlust in Versuchsgruppe III gegenüber Gruppe IV läßt auf einen ungünstigen Einfluß der Ovarialpräparatbeigabe schließen.

---
[*] Allerdings war bei einem der 3 Versuchstiere (Nr. 95) das Umgekehrte der Fall, so daß volle Aufklärung erst durch weitere Versuche geschaffen werden kann.

Ein Vergleich mit *Krügers* Versuchsergebnissen bestätigt diese Beobachtung.

Auch die Beifütterung von Thymuspräparat scheint die Fleischqualität ungünstig beeinflußt zu haben, da die Versuchsgruppe V mit 1,36% Kühlverlust gegen 0,846% von Gruppe VI sehr schlecht abschneidet.

2. Die Tranchierergebnisse.

Die Tranchierung, die nach den Angaben von *Borsch* durchgeführt wurde, ergibt die 4 Hauptqualitäten: Es gehören zu
1. Schinken, Karbonade oder Kotelettstück,
2. Nacken oder Kamm, Schulter,
3. Bauchspeck, Rücken- und Kammspeck, Schmer, Niere,
4. Eisbeine, Pfoten, Kopf mit Backe, Schwanz und Bauchabschnitte mit Schwarten.

Bei einer vergleichenden Betrachtung aller Einzelteile der 18 Tiere untereinander zeigen sich auffällige Unterschiede nur im Gewicht der Schulter, des Speckes zum Salzen, des Schinkens und des Kochwurstfleisches.

Im *Hodenhormonversuch* ist der prozentuale Gewichtsanteil des Schinkens und der Schulter bei allen 3 Versuchstieren kleiner als bei den entsprechenden Vergleichsborgen. Den relativ schwersten Schinken — mit einem absoluten Gewicht von 8,5 kg — produzierte Vergleichsborg Nr. 87. Der mittlere Anteil Schmer von Versuchsgruppe I ist relativ leichter als in der Vergleichsgruppe II, dagegen ist der Speckansatz bei den Versuchstieren größer und ebenso der Anteil an Kochwurstfleisch. Für die meisten anderen Fleisch- und Fettanteile lassen sich wohl individuelle Schwankungen, jedoch keine sicheren durch die Art der Fütterung exakt erkennbaren Beziehungen aufstellen. Es hat den Anschein, als ob das Hodenpräparat einen verfeinerten Knochenbau bewirkt hat, da die Anteile „Schweinsknochen" und „Eisbein" im Durchschnitt einen höheren Prozentsatz in der Vergleichsgruppe als in der Versuchsgruppe ausmachen.

Im *Ovarialhormonversuch* ist festzustellen, daß die prozentualen Schinken- und Schultergewichte der Versuchstiere im Durchschnitt über denjenigen der Vergleichstiere liegen (in Gruppe III 9,758%, in Gruppe IV 8,594%). Eine Ausnahme stellt die Vergleichssau Nr. 102 dar, deren Gewichtsanteile der Vorder- und Hinterextremität höher sind. Die Bauchstücke der Ovarialgruppe weisen ebenfalls höhere durchschnittliche Einzelgewichte als die der Tiere der Vergleichsgruppe auf. Obwohl in der Versuchs- und der Vergleichsgruppe nur Vollgeschwister standen, lassen sich keine genauen Relationen nachweisen.

(Fortsetzung des Textes auf S. 378.)

Gewichts- und prozentuale Anteile der rechten Hälfte.

	Versuchsborg Nr. 86		Vergleichsborg Nr. 87		Versuchsborg Nr. 89		Vergleichsborg Nr. 90		Versuchsborg Nr. 95		Vergleichsborg Nr. 94	
	kg	%	kg	%	kg	%	kg	%	kg	%	kg	%
Gesamtgewicht	43,350	100,000	42,450	100,000	36,800	100,000	32,600	100,000	37,450	100,000	25,350	100,000
Kopf mit Backe	4,200	9,690	4,250	10,012	3,600	9,783	3,000	9,203	3,650	9,746	2,750	10,848
Schulter mit Knochen	4,000	9,228	4,200	9,894	3,200	8,696	3,400	10,429	3,100	8,277	2,500	9,862
Speck zum Salzen	5,150	11,880	4,300	10,130	4,100	11,141	3,500	10,736	3,800	10,147	1,200	9,467
Bauch	5,400	12,457	5,500	12,957	5,200	14,130	4,200	12,883	4,900	13,084	3,200	12,624
Kamm	2,500	5,767	2,700	6,360	2,100	5,707	1,700	5,215	2,200	5,874	1,700	6,706
Kotelettstück	3,800	8,766	3,500	8,245	3,000	8,152	3,100	9,509	3,200	8,545	2,300	9,073
Lende	0,600	1,384	0,400	0,942	0,500	1,359	0,200	0,613	0,400	1,069	0,300	1,184
Schinken	8,100	18,681	8,500	20,023	6,500	17,663	6,300	19,325	6,900	18,425	4,700	18,541
Schmer	1,200	2,768	1,200	2,827	1,000	2,717	1,000	3,067	1,000	2,670	0,600	2,367
Niere	0,200	0,462	0,100	0,236	0,100	0,272	0,100	0,307	0,200	0,534	0,100	0,394
Schweinsknochen	1,700	3,922	1,700	4,004	1,500	4,076	0,100	3,375	1,600	4,272	1,100	4,339
Eisbein	0,600	1,385	0,600	1,414	0,600	1,630	0,600	1,840	0,600	1,602	0,400	1,578
Kochwurstfleisch	5,400	12,457	5,000	11,778	5,000	13,587	4,000	12,270	5,500	14,686	3,000	11,834
Schwarte	0,500	1,153	0,500	1,178	0,400	1,087	0,400	1,228	0,400	1,060	0,300	1,183
Summa	43,350	100,000	42,450	100,000	36,800	100,000	32,600	100,000	37,450	100,000	25,350	100,000

(Fortsetzung der Tabelle.)

	Versuchssau Nr. 99		Vergleichssau Nr. 98		Versuchssau Nr. 101		Vergleichssau Nr. 100		Versuchssau Nr. 103		Vergleichssau Nr. 102	
	kg	%	kg	%	kg	%	kg	%	kg	%	kg	%
Gesamtgewicht	35,550	100,000	44,300	100,000	39,200	100,000	37,200	100,000	36,200	100,000	38,200	100,000
Kopf mit Backe	3,450	9,705	4,250	9,594	4,100	10,459	3,600	9,677	3,800	10,497	3,500	9,162
Schulter mit Knochen	4,000	11,252	3,750	8,465	3,800	9,694	3,000	8,065	3,000	8,287	3,500	9,162
Speck zum Salzen	3,000	8,439	5,700	12,866	4,400	11,224	4,900	13,173	4,600	12,707	4,900	12,827
Bauch	4,900	13,784	6,000	13,544	4,900	12,500	4,500	12,097	5,000	13,813	4,800	12,566
Kamm	2,100	5,907	2,400	5,418	2,200	5,612	2,000	5,376	2,000	5,525	2,400	6,283
Kotelettstück	2,800	7,877	4,000	9,029	2,900	7,398	3,000	8,065	3,000	8,287	3,100	8,115
Lende	0,400	1,116	0,500	1,129	0,500	1,276	0,400	1,075	0,400	1,105	0,400	1,047
Schinken	6,400	18,003	7,600	17,156	7,200	18,367	6,500	17,473	6,000	16,575	6,800	17,800
Schmer	1,000	2,813	1,200	2,709	0,900	2,296	1,000	2,688	1,000	2,762	1,100	2,880
Niere	0,100	0,281	0,200	0,451	0,200	0,510	0,200	0,537	0,100	0,276	0,100	0,262
Schweinsknochen	1,000	2,813	1,500	3,386	1,200	3,061	1,300	3,495	1,400	3,867	1,600	4,189
Eisbein	0,500	1,402	0,400	0,903	0,500	1,276	0,500	1,344	0,600	1,658	0,500	1,309
Kochwurstfleisch	5,500	15,472	6,300	14,221	5,900	15,051	5,900	15,860	4,900	13,536	5,200	13,613
Schwarte	0,400	1,126	0,500	1,129	0,500	1,276	0,400	1,075	0,400	1,105	0,300	0,785
Summa	35,550	100,000	44,300	100,000	39,200	100,000	37,200	100,000	36,200	100,000	38,200	100,000

Gewichts- und procentuale Anteile der rechten Hälfte. (Forsetzung der Tabelle.)

	Versuchssau Nr. 93		Vergleichssau Nr. 91		Versuchssau Nr. 109		Vergleichssau Nr. 110		Versuchssau Nr. 112		Vergleichssau Nr. 111	
	kg	%	kg	%	kg	%	kg	%	kg	%	kg	%
Gesamtgewicht	38,550	100,000	38,300	100,000	39,000	100,000	41,400	100,000	39,000	100,000	44,500	100,000
Kopf mit Backe	3,950	10,246	3,700	9,661	3,800	9,744	3,900	9,420	3,500	8,974	4,200	9,438
Schulter mit Knochen	4,000	10,376	3,900	10,183	3,900	10,000	4,100	9,903	3,600	9,231	4,300	9,663
Speck zum Salzen	3,500	9,079	4,100	10,705	4,200	10,769	4,000	9,662	4,400	11,282	5,100	11,460
Bauch	5,300	13,748	4,900	12,793	5,600	14,359	5,300	12,802	5,300	13,589	5,700	12,809
Kamm	2,400	6,226	2,200	5,744	2,500	6,410	2,400	5,798	2,500	6,410	2,400	5,393
Kotelettstück	3,200	8,301	3,400	8,877	3,600	9,231	3,500	8,454	3,400	8,718	3,800	8,539
Lende	0,500	1,297	0,500	1,305	0,400	1,026	0,400	0,966	0,400	1,026	0,500	1,125
Schinken	7,450	19,326	6,800	17,754	7,800	20,000	7,400	17,874	7,400	18,974	7,900	17,753
Schmer	1,100	2,854	0,900	2,350	1,200	3,077	1,400	3,382	0,100	0,257	1,500	3,370
Niere	0,150	0,389	0,200	0,522	0,200	0,513	0,200	0,483	0,200	0,513	0,200	0,449
Schweinsknochen	1,500	3,891	1,700	4,439	1,500	3,846	1,900	4,589	1,600	4,103	1,700	3,820
Eisbein	0,600	1,556	0,600	1,567	0,500	1,282	0,900	2,174	0,600	1,538	0,600	1,348
Kochwurstfleisch	4,400	11,414	4,800	12,533	3,400	8,717	5,500	13,285	5,500	14,103	6,100	13,708
Schwarte	0,500	1,297	0,600	1,567	0,400	1,026	0,500	1,208	0,500	1,282	0,500	1,125
Summa	38,550	100,000	38,000	100,000	39,000	100,000	41,400	100,000	39,000	100,000	44,500	100,000

Messungsergebnisse.

	Versuchsborg Nr. 86		Vergleichsborg Nr. 87		Versuchsborg Nr. 89		Vergleichsborg Nr. 90		Versuchsborg Nr. 95		Vergleichsborg Nr. 94	
	cm	%	cm	%	cm	%	cm	%	cm	%	cm	%
Länge des 4. Dornfortsatzes am Widerrist	9,5	100,000	8,0	100,000	9,0	100,000	8,5	100,000	9,0	100,000	7,5	100,000
Dicke des Speckes an:												
Hals	5,5	57,895	5,5	68,750	5,0	55,556	4,5	52,941	5,0	55,556	3,5	46,667
Widerrist	6,0	63,158	4,5	56,250	5,5	61,111	4,5	52,941	7,0	77,778	4,0	53,333
Rücken	3,5	36,842	2,5	31,250	4,0	44,444	3,5	41,176	4,0	44,444	2,5	33,333
Hüfte	7,0	73,684	4,5	56,250	5,5	61,111	6,0	70,588	7,0	77,778	4,0	53,333
Länge d. 14. Dornforts.	4,0	42,105	4,5	56,250	4,0	44,444	4,0	47,059	4,0	44,444	3,5	46,667
Länge d. Wirbelsäule	82,0	100,000	84,0	100,000	78,0	100,000	75,5	100,000	83,5	100,000	76,0	100,000
Dicke des äußeren Lendenmuskels	8,0	9,756	9,0	10,714	7,5	9,615	7,5	9,934	7,0	8,383	6,0	7,894
Länge d.Koteletistückes	52,0	63,415	52,0	61,905	49,0	62,821	48,0	63,576	53,5	64,072	49,0	64,474
Länge d. Kammstückes	30,0	36,585	32,0	38,095	29,0	37,179	27,5	36,424	30,0	35,928	27,0	35,526

Messungsergebnisse.

	Versuchssau Nr. 99		Vergleichssau Nr. 98		Versuchssau Nr. 101		Vergleichssau Nr. 100		Versuchssau Nr. 103		Vergleichssau Nr. 102	
	cm	%	cm	%	cm	%	cm	%	cm	%	cm	%
Länge des 4. Dornfortsatzes am Widerrist	8,0	100,000	9,0	100,000	8,0	100,000	8,0	100,000	8,0	100,000	8,0	100,000
Dicke des Speckes an:												
Hals	5,5	68,750	6,5	72,222	6,0	75,000	5,0	62,500	6,0	75,000	4,0	50,000
Widerrist	4,5	56,250	6,5	72,222	5,0	62,500	7,0	87,500	5,0	62,500	7,5	93,750
Rücken	3,5	43,750	4,5	50,000	4,0	50,000	4,5	56,250	4,0	50,000	4,0	50,000
Hüfte	5,0	62,500	6,5	72,222	5,0	62,500	5,5	68,750	5,0	62,500	5,5	68,750
Länge d. 14. Dornforts.	4,0	50,000	4,0	44,444	4,0	50,000	4,0	50,000	4,0	50,000	4,0	50,000
Länge der Wirbelsäule	77,0	100,000	82,0	100,000	81,0	100,000	76,0	100,000	77,0	100,000	78,0	100,000
Dicke des äußeren Lendenmuskels	6,5	8,441	8,0	9,756	7,0	8,642	7,0	9,210	7,0	9,999	8,5	10,897
Länge d. Kotelettstückes	49,0	63,636	54,0	65,853	50,0	61,728	51,0	67,105	49,0	63,636	52,0	61,176
Länge d. Kammstückes	28,0	36,364	28,0	34,147	31,0	38,272	25,0	32,895	28,0	36,364	26,0	38,824

	Versuchssau Nr. 93		Vergleichssau Nr. 91		Versuchssau Nr. 109		Vergleichssau Nr. 110		Versuchssau Nr. 112		Vergleichssau Nr. 111	
	cm	%	cm	%	cm	%	cm	%	cm	%	cm	%
Länge des 4. Dornfortsatzes am Widerrist	9,0	100,000	8,5	100,000	9,0	100,000	9,0	100,000	9,0	100,000	9,5	100,000
Dicke des Speckes an:												
Hals	4,0	44,444	4,5	52,941	4,0	44,444	4,5	50,000	4,0	44,444	4,0	42,105
Widerrist	6,0	66,667	7,0	82,353	6,0	66,667	6,0	66,667	6,5	72,222	7,0	73,684
Rücken	3,0	33,333	4,0	47,059	3,0	33,333	3,5	38,889	4,0	44,444	4,5	47,368
Hüfte	5,0	55,556	5,5	64,706	5,0	55,556	5,5	61,111	6,0	66,667	6,5	68,421
Länge d. 14. Dornforts.	4,0	44,444	4,0	47,059	4,0	44,444	4,0	44,444	4,0	44,444	4,0	42,105
Länge der Wirbelsäule	82,0	100,000	77,0	100,000	85,0	100,000	84,0	100,000	83,0	100,000	81,0	100,000
Dicke des äußeren Lendenmuskels[1]	7,0	8,536	7,0	9,999	7,0	8,536	7,5	8,928	7,5	9,036	8,0	9,856
Länge d. Kotelettstückes	54,0	65,854	48,0	62,338	53,0	62,353	54,0	64,286	54,0	65,060	54,0	66,667
Länge d. Kammstückes	28,0	34,146	29,0	37,662	32,0	37,647	30,0	35,714	29,0	34,940	27,0	33,333

Im *Thymushormonversuch* stehen die Schulter- und Schinkenanteile der Versuchsgruppe V über denjenigen der Vergleichsgruppe VI. Auch hier stellt ein Tier, Nr. 112, insofern eine Ausnahme dar, als dessen Schultergewichtsprozente unter denjenigen der beiden Vollschwestern in der Vergleichsgruppe stehen. Die Kamm- und Kotelettstücke der Versuchstiere überwiegen im Mittel in ihrem prozentualen Anteil diejenigen der Vergleichstiere (Versuchsgruppe V 6,349 bzw. 8,750%, Gruppe VI 5,978 bzw. 8,623%). Obgleich bei Versuchssau Nr. 93 ein um 9,6% geringerer Kotelettanteil als bei dem entsprechenden Vergleichstier festgestellt wurde, scheint doch durch Verabreichung von Thymuspräparaten das Längenwachstum der Tiere günstig beeinflußt worden zu sein. Bei der Auswertung der Messungsergebnisse wird hierauf näher eingegangen werden. Als ein Erkennungsmerkmal der Körperverlängerung glaubt Verf. das Gewicht des Bauchteiles ansprechen zu können; denn es liegt bei allen Versuchstieren über demjenigen der Vergleichstiere. Ein Zufall dürfte hier ausgeschlossen sein, da diese hohen Gewichte keineswegs durch größere Lebendgewichte hervorgerufen worden sind. Versuchssau Nr. 93 und Vergleichssau Nr. 94 hatten vor der Zerteilung gleich hohe Gewichte der zu tranchierenden Körperhälften. Trotzdem wiegt der Bauchanteil (5,3 kg) des Versuchstieres 0,4 kg mehr als der des Vergleichstieres (4,9 kg).

3. Die Messungsergebnisse am ausgeschlachteten Tier.

Die Ergebnisse der Einzelmessungen sind in den Tabellen 376 u. 377 zusammengestellt. Im *Hodenhormonversuch* ist die Länge des 4. Dornfortsatzes in Versuchsgruppe I um 0,5—1,5 cm größer als in Vergleichsgruppe II. Obgleich hieraus geschlossen werden müßte, daß die Fleischbildung im Verhältnis zur Fettbildung weit größer ist, zeigen die Versuchstiere doch eine größere Speckdicke am Widerrist und am Rücken. Hierfür ist aber wahrscheinlich das höhere Lebendgewicht der Tiere verantwortlich zu machen. *Krüger* fand, daß die Speckdicke am Widerrist und am Rücken bei den von ihm untersuchten veredelten Landschweinen direkt proportional dem jeweiligen Lebendgewicht ist. Diese Beobachtung läßt sich bei dem vorliegenden Versuchsmaterial ohne weiteres bestätigen. Daß die Speckdicke am Hals umgekehrt proportional dem Lebendgewicht sein soll, wie *Krüger* an Hand seiner Versuche feststellen konnte, kann hier nicht beobachtet werden. Sämtliche übrigen ermittelten Zahlen sind derartig individuellen Schwankungen unterworfen, daß auf keine Gesetzmäßigkeiten geschlossen werden kann.

Bei allen Tieren des *Ovarialhormonversuches* hat der 4. Dornfortsatz außer bei Vergleichssau Nr. 98 eine Länge von 8 cm. Ebenso zeigt auch der 14. Dornfortsatz mit einer Länge von 4 cm bei allen Versuchs- und Vergleichstieren eine auffallende Gleichmäßigkeit. Trotzdem sind die

Differenzen der Gewichtsanteile zwischen den einzelnen Tieren sehr groß. Einerseits bewirken hier die höheren Lebendgewichte einen größeren Speckansatz an Hals, Widerrist, Rücken und Hüfte. Das kommt deutlich bei Vergleichssau Nr. 98 zum Ausdruck. Andererseits zeigt die Vergleichssau Nr. 100 mit einem Schlachtgewicht von nur 90 kg einen weit größeren Speckansatz an Widerrist, Rücken und Hüfte als die entsprechende Versuchssau Nr. 101 mit einem Schlachtgewicht von 99 kg. Bei diesem schweren Tier fällt nur die verhältnismäßig große Dicke des Halsspeckes auf. Bei sämtlichen Tieren im Ovarialhormonversuch ist festzustellen, daß mit höheren Schlachtgewichten auch die Längenmaße der Wirbelsäule ansteigen, d. h. die schwersten Tiere müßten demzufolge absolut höhere Kotelett- und Kammgewichte aufweisen als leichtere Tiere, vorausgesetzt, daß die Rückenbreite annähernd gleich groß ist. Vergleichssau Nr. 98 wog am Schlachttage 106 kg und zeigte eine Wirbelsäulenlänge von 82 cm, während Vergleichssau Nr. 100 mit einem Schlachtgewicht von 90 kg nur 76 cm Länge der Wirbelsäule erkennen ließ; die prozentualen Kotelett- und Kammanteile beider Tiere (14,4 bzw. 13,3%) beweisen die obenstehende Behauptung. Die 3 Versuchstiere haben im Vergleich zu den entsprechenden Tieren aus Gruppe IV einen schwächeren äußeren Lendenmuskel. Da diese Erscheinung weder mit dem Lebendgewicht noch mit der Abstammung irgendwie in Zusammenhang zu bringen ist, muß die Verabreichung des Ovarialpräparates dafür verantwortlich gemacht werden. Da die vorliegenden Beobachtungen an den Ovarialversuchssauen im Gegensatz zu *Krügers* Ermittlungen[*] stehen, muß angenommen werden, daß die Entwicklung der ungeschnittenen Sauen völlig anders geartet ist als diejenige kastrierter Tiere. Die Dicke des Lendenmuskels ist unabhängig vom Lebendgewicht. Ein gewisser Zusammenhang zwischen Lendenmuskeldicke und Länge der Wirbelsäule ist auch nicht nachweisbar. Es könnte angenommen werden, daß langgestreckte Tiere einen schwächeren Lendenmuskel als kurze, gedrungene haben. Vergleicht man dagegen die einzelnen Wirbelsäulenlängen mit den entsprechenden Lendenmuskeldicken, so ist keine Relation erkennbar.

Beziehungen zwischen Kotelett und Kammerlänge und Lebendgewicht lassen sich hier nicht feststellen.

Im *Thymushormonversuch* wird die Behauptung *Krügers* bestätigt, daß ein erhöhtes Lebendgewicht zwar einen erhöhten Speckansatz an Widerrist, Rücken und Hüfte bedingt, daß aber andererseits die Dicke des Halsspeckes umgekehrt proportional dem Lebendgewicht ist. So hat z. B. Tier Nr. 112 mit einem Schlachtgewicht von 99 kg eine Speckdicke von 4 cm am Hals, während das entsprechende Vergleichs-

---

[*] An nicht kastrierten Sauen.

tier Nr. 111 mit 108 kg Schlachtgewicht ebenfalls nur 4 cm Speckansatz am Hals aufweist.

Die Länge des 4. Dornfortsatzes differiert bei den einzelnen Tieren nur um 1 cm, die des 14. Dornfortsatzes überhaupt nicht.

Interessant ist die Tatsache, daß die 3 Versuchstiere eine längere Wirbelsäule haben als die entsprechenden Vergleichstiere, obwohl das Schlachtgewicht der Vergleichstiere zum Teil erheblich höher ist als bei den Versuchstieren. Der Einfluß des Thymuspräparates scheint sich also in dieser Richtung geltend gemacht zu haben.

Zusammenfassend kann gesagt werden, daß es ziemlich schwierig ist, an Hand des Zahlenmaterials eindeutige Beziehungen zwischen Körpermaßen und Nutzeigenschaften aufzustellen, da die individuellen Schwankungen ganz erheblich sind.

c) Die subjektive Beurteilung und ihre objektive Nachprüfung.

1. Die Bonitur der ausgeschlachteten Tiere.

Für die subjektive Beurteilung wurde folgendes Bonitierschema in Anwendung gebracht:

```
Knochenbau . . . . . . . . . . . . . . . . . . . 15 Punkte
Fleischbeschaffenheit . . . . . . . . . . . . . . . 10   ,,
Fleischfarbe . . . . . . . . . . . . . . . . . . . 10   ,,
Speckbeschaffenheit . . . . . . . . . . . . . . . 15   ,,
Schinkenform . . . . . . . . . . . . . . . . . . 15   ,,
Fleischfülle . . . . . . . . . . . . . . . . . . . 15   ,,
Verhältnis Fleisch : Fett . . . . . . . . . . . . . 20   ,,
Summa . . . . . . . . . . . . . . . . . . . . .100 Punkte
```

Nach diesem Schema würde ein Idealtier die Punktzahl 100 bekommen. Aus folgender Tabelle ist ersichtlich, daß Vergleichssau 98 aus Gruppe IV mit 82 Punkten am günstigsten abschnitt, während Vergleichsborg 94 aus Gruppe I mit 48 Punkten das schlechteste Ergebnis erzielte. Er war jedoch ein Kümmerer, so daß die Beurteilung naturgemäß unter dem allgemeinen Durchschnitt liegen mußte.

Im Hodenhormonversuch ist der Knochenbau sowohl in der Versuchsals auch in der Vergleichsgruppe als durchaus gut zu bezeichnen. Ein Unterschied innerhalb der beiden Gruppen ist nicht vorhanden. Die Versuchsgruppe überwiegt in der Fleischbeschaffenheit insofern, als hier das Fleisch zarter und weniger feucht als bei den Tieren der Gruppe II war. Außer Tier Nr. 89 zeichneten sich alle anderen Börge durch eine etwas zu blasse Fleischfarbe aus. Borg Nr. 95 steht mit 2 Punkten für die Fleischfarbe an letzter Stelle aller Versuchstiere. Im Vergleich zu den Sauen fallen die Börge durch ihre weniger gute Schinkenform auf, so daß sie im Duchschnitt fast nur halb soviel Punkte erhalten konnten wie die Sauen. Die Versuchsgruppe I ist der Vergleichsgruppe II an Punkten

Nr.	Knochenbau	Fleischbeschaffenheit	Fleischfarbe	Speckbeschaffenheit	Schinkenform	Fleischfülle	Fleisch zu Fett	Summe
Versuchsgruppe I (Börge).								
86	13	6	5	10	7	9,5	15	65,5
89	13	5	8	12	7	9	16	70
95	13	8	2	7	7	9,5	13	59,5
Vergleichsgruppe II (Börge).								
87	13	4	5	9	6	12	18	67
90	12	4	4	8	6	8	11	53
94	14	4	4	3	4	6	13	48
Versuchsgruppe III (kastrierte Sauen).								
99	14	8	5	8	8	8,5	12,5	64
101	13	7	7,5	13	14	12	14	80,5
103	11	6	6	12	12	11	14	72
Vergleichsgruppe IV (kastrierte Sauen).								
98	12	9	10	12	13	12	14	82
100	13	5	7,5	13	11	10	12	71,5
102	15	8	3	11	15	14	13	79
Versuchsgruppe V (nicht kastrierte Sauen).								
93	10	8	8	8	11	11,5	17	73,5
109	11	7	5	10	10	13	17	73
112	11	9	6	9	13	11	13	72
Vergleichsgruppe VI (nicht kastrierte Sauen).								
91	11	7	6	14	12	13	14,5	77,5
110	9	7	8	10	10	11	13	68
111	10	7	6	15	14	14	15	81

in der Schinkenform überlegen. In Gruppe I gestaltete sich auch die Speckbeschaffenheit günstiger als bei den Vergleichstieren, deren Speck eine zu weiche Konsistenz aufwies. Gruppe II erzielte im Vergleich mit allen Tieren in der Speckbeschaffenheit die niedrigste Punktzahl. Als wenig befriedigend muß die Fleischfülle in Gruppe II angesehen werden. Tier 87 erhielt zwar 12 Punkte, doch fallen Nr. 90 und 94 mit 8 bzw. 6 Punkten weit unter den Durchschnitt. Das Verhältnis von Fleisch zu Fett ist bei allen Tieren, die im Hodenhormonversuch standen, mit Ausnahme von Vergleichsborg Nr. 90, gut, Nr. 87 erfuhr mit 18 Punkten für das Verhältnis Fleisch zu Fett von allen Tieren der 3 Versuche die höchste Bewertung.

Der Knochenbau der im Ovarialhormonversuch stehenden Tiere konnte mit gut bewertet werden. Sau Nr. 99 sowie Nr. 102 entsprachen voll und ganz den gestellten Anforderungen und konnten deshalb auch 14 bzw. 15 Punkte zuerteilt bekommen. Besser als bei den Börgen war hier die Fleischbeschaffenheit, die sich besonders durch eine gute Trocken- und Zartheit auszeichnete. Im Vergleich zur Fleischfarbe der Tiere des Hodenhormonversuches lassen alle Sauen im Ovarialversuch durchschnittlich ein besseres Ergebnis erkennen. Die höchste Punktzahl, die vergeben werden konnte, erhielt Vergleichssau Nr. 98. Im Gegensatz hierzu erzielte Tier Nr. 102 nur 3 Punkte, da das Fleisch unansehnlich und von weißgrauer Farbe war. Die recht gute Speckfestigkeit und die weiße Speckfarbe in beiden Gruppen verdient besonders hervorgehoben zu werden. Auch die Schinkenform war, wie schon oben erwähnt wurde, bei diesen Tieren recht gut. Tier Nr. 102 hatte mit 15 Punkten den besten Schinken aller Gruppen aufzuweisen. Etwas besser als in der Versuchsgruppe III wurde die Fleischfülle der entsprechenden Vergleichstiere bewertet, wie überhaupt die Vergleichsgruppe IV auch in der Gesamtpunktsumme günstiger als die Ovarialversuchsgruppe abschloß. Das Verhältnis von Fleisch zu Fett war bei beiden Gruppen annähernd gleich gut, so daß ihnen im Durchschnitt 13—14 Punkte zuerkannt werden konnten.

Sämtliche Tiere des Thymushormonversuches unterscheiden sich nur wesentlich von denen des Ovarialversuches. Der Knochenbau sowohl in der Versuchs- als auch in der Vergleichsgruppe steht allerdings unter dem Durchschnitt des übrigen Versuchsmaterials. Sau Nr. 110 (Gruppe VI) hat mit nur 9 Punkten die schwächsten Knochen. Im allgemeinen ist die Fleischbeschaffenheit beider Gruppen (V und VI) zufriedenstellend. Einzelne Tiere, Nr. 21 und 111, hatten einen besonders festen und kernigen Speck. In der Speckbeschaffenheit fällt Versuchsgruppe V gegen Gruppe VI etwas ab, da hier das beste Tier nur 10 Punkte erlangen konnte. Es hat den Anschein, als ob das Thymuspräparat auf verschiedene Eigenschaften einen Einfluß ausgeübt hat. Die Versuchstiere (Gruppe V) zeichnen sich durch eine längere Wirbelsäule und durch einen schwächeren Lendenmuskel im Vergleich zu den Tieren der Gruppe VI aus. Das Fleisch-Fett-Verhältnis der Versuchstiere (Gruppe V) ist weit besser als in Gruppe VI. Die Vergleichsgruppe VI, deren Tiere durch einen gedrungeren Körperbau auffielen, hatte bessere Schinkenformen und eine größere Fleischfülle als die Sauen der Gruppe V.

2. Das Verhältnis Fleisch : Fett : Knochen : Schwarten an Schinken und Schulter.

Um eine Nachprüfung der subjektiven Beurteilung zu ermöglichen, wurden die Schinken und die Schultern von der rechten Hälfte aller Tiere zerlegt in:
1. Schieres Fleisch,
2. Fett
3. Knochen und
4. Schwarten.

Die Ergebnisse sind in Abb. 6 graphisch dargestellt.

Bei einem Vergleich der einzelnen Gewichtsanteile der zerlegten Schinken von Gruppe I und II fällt ganz allgemein der höhere Prozentsatz an schierem Fleisch und der etwas geringere Fettanteil bei den mit Hodenhormonpräparat beigefütterten Tieren auf. Versuchsborg Nr. 95 fällt mit 21,4% Fett etwas aus dem Rahmen. Durch die chemische Analyse des Schinkenfleisches wird der verhältnismäßig hohe Fettgehalt bei diesem Tier bestätigt. Die subjektive Bewertung des Knochenbaues erfährt durch die gewichtsmäßige Feststellung der Knochenanteile eine objektive Bestätigung; denn es lassen sich keine wesentlichen Unterschiede zwischen den beiden Gruppen erkennen.

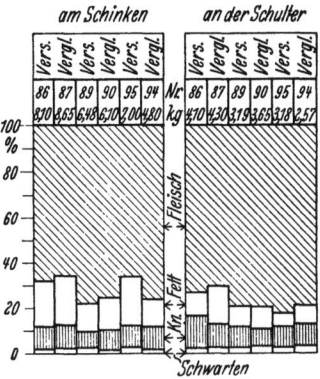

Die Zerlegung der Schulter von Gruppe I und II zeigt im allgemeinen dasselbe Bild. Der Anteil an schierem Fleisch überwiegt in der Versuchsgruppe I, während der prozentuale Fettgehalt in Gruppe II höher ist. Der etwas höhere Schulterknochenanteil in Gruppe I läßt die Annahme als berechtigt erscheinen, daß das Hodenpräparat einen die Ausbildung der Vorhand begünstigenden Einfluß auszuüben vermochte. Vergleicht man die jeweiligen Lebendgewichte mit den aus Schinken und Schulter herausgelösten entsprechenden Fettanteilen, so ist festzustellen, daß mit geringfügiger Ausnahme ein höheres Lebendgewicht größere Fettanteile bedingt. Die vorliegenden Versuche bestätigen auch in dieser Beziehung die Beobachtungen *Krügers*. Die Tiere Nr. 86 und Nr. 95 aus Gruppe I hatten ein Lebendgewicht von 107 bzw. 93 kg, und der Fettanteil am Schinken betrug demzufolge 19,4 und 21,4%. Die leichteren Tiere Nr. 89 aus Gruppe I (90 kg), Nr. 90 und Nr. 94 aus Gruppe II (80 bzw. 67 kg) zeigen nur 12,3; 13,1 und 12,5% Fettanteile im Schinken.

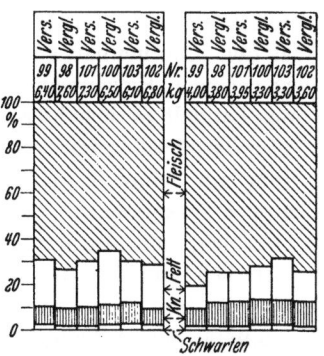

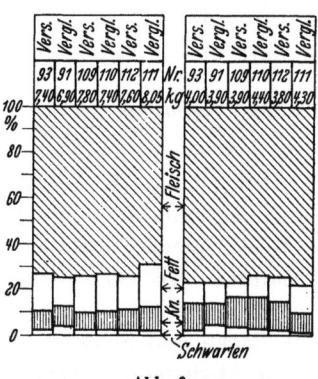

Abb. 6.

Das Zahlenmaterial der Versuchsgruppe III zeigt eine große Ausgeglichenheit in bezug auf den prozentualen Gehalt an schierem Fleisch in der Keule. Der Schinkenfleischanteil betrug im Durchschnitt 68,7%, der mittlere Fettanteil 19,6%. Die Versuchssauen in Gruppe III sind im Knochengewicht den Vergleichstieren in Gruppe IV überlegen. Der durchschnittliche Anteil an schierem Fleisch ist in der Vergleichsgruppe um 0,5% höher als in Gruppe III. Sau Nr. 98 (Gruppe IV) steht mit 72,4% Schinkenfleischanteil an erster Stelle, während Sau Nr. 100 (Gruppe IV) mit 64,6% Fleisch-, 23,1% Fettanteil das ungünstigste Fleisch-Fett-Verhältnis hatte. Vergleicht man sämtliche Tiere der Gruppen III und IV, so kommt man zu dem Schluß, daß der Fleischanteil mit fallendem Fettanteil zunimmt und umgekehrt. Im Knochenbau kann zwischen den beiden Gruppen kein wesentlicher Unterschied festgestellt werden.

Die Tranchierung der Schultern von Gruppe III ergab im Durchschnitt höhere Fettprozente als in Gruppe IV. Versuchssau Nr. 99 hatte von diesen 6 Tieren den höchsten Fleisch- und den geringsten Fettanteil an der Schulter. Das Gegenteil gilt von Nr. 103 aus Gruppe III. Was den Knochenbau anlangt, so fällt nur Nr. 99 durch seinen besonders geringen Prozentsatz mit 7,5% Schulterknochenanteil auf. Allerdings handelt es sich hier um das leichteste Tier der Gruppe III.

Im Thymushormonversuch ist in bezug auf die Fleisch-Fett-Verteilung am Schinken kein nennenswerter Unterschied zwischen beiden Gruppen erkennbar. Der prozentuale Schinkenfleischanteil dieser 6 Tiere liegt mit Ausnahme von Nr. 111 (Gruppe VI) eng um 72%.

Ähnlich günstig sind die Zerlegungsergebnisse der Schultern von Gruppe V und VI zu bewerten. Hier fallen vor allem die sehr geringen Fettanteile aller 6 Tiere auf. Der Schulterknochenanteil in Versuchsgruppe V ist im Mittel um 0,8% höher als der der Vergleichsgruppe VI. Ob diese Erscheinung auf den Einfluß des Thymuspräparates zurückgeführt werden kann, ist nicht sicher zu entscheiden.

3. Das Verhältnis Fleisch zu Fett und der Anteil an IV. Qualität im Einzeltier.

Den genauesten Überblick über das Fleisch-Fett-Verhältnis ergibt eine Gegenüberstellung der Summe der Fleischanteile (Schinken, Kotelett, Lende, Schulter und Kamm) mit dem Gesamtgewicht aller Fettanteile (Rückenspeck, Bauch, Kochwurstfleisch und Flomen). Zur IV. Qualität gehören: Schweinsknochen, Eisbeine, Niere, Kopf mit Backe und Schwarten.

Im Hodenhormonversuch ist festzustellen, daß alle Vergleichstiere (Gruppe II) einen prozentual höheren Fleischanteil aufweisen. Die Versuchsgruppe I wurde mit höheren Lebendgewichten dem Markte zugeführt als Gruppe II. Damit ist der Beweis erbracht, daß ebenso wie beim veredelten Landschwein die Kreuzungstiere (in diesem Falle Berkshire-Sau vom veredelten Landschweineber gedeckt) mit hohen Lebendgewichten einen prozentual höheren Fettansatz als leichtere Tiere haben. Versuchsborg Nr. 86 (Gruppe I) brachte in einer Hälfte (Gesamtgewicht 43,350 kg) 19,000 kg Fleisch. Demnach beträgt bei diesem Tier der Anteil Fleisch 43,826%. Der Fettanteil beläuft sich auf 17,150 kg = 39,562 %. Vergleichsborg Nr. 87 (Gruppe II), dessen rechte Hälfte 42,450 kg wog, brachte 45,464% Fleisch und 37,692% Fett. Gleiche Fleisch- und Fettanteile in Höhe von 41,576% hatte Versuchsborg Nr. 98 (Gruppe I) zu verzeichnen, während bei seinem Vergleichsbruder ein günstigeres Fleisch-Fett-Verhältnis festzustellen war. Der Fleischanteil betrug hier 45,091% und der Fettanteil 38,956%. Ein noch größerer Unterschied läßt sich bei Versuchsborch Nr. 94 (Gruppe I) beobachten, dessen prozentuale Fleischmenge eine Höhe von 45,366% und dessen Fettanteile nur 36,292% erreichen.

Der zweite Versuch mit Ovarialhormonpräparat zeigt keine scharf hervortretende Gesetzmäßigkeit in bezug auf das soeben Gesagte. Obgleich Nr. 99 (Gruppe III) mit dem niedrigen Lebendgewicht von 89 kg den höchsten Fleischanteil, nämlich 44,165, und damit auch den niedrigsten Fettanteil von 40,508% aufweist, hat Nr. 100 (Gruppe IV) mit einem Lebendgewicht von 90 kg nur 40,054% Fleisch- und 43,818% Fettanteile erbracht. Sie steht damit in der Fleischerzeugung an letzter Stelle beider Gruppen. Annähernd gleich hohe Fleisch- und Fettanteile lieferte Nr. 102 aus Gruppe IV. Aus dem Ovarialhormonversuch geht unzweifelhaft hervor, daß die Versuchsgruppe III prozentual mehr Fleisch als Fett erzeugte, daß also wahrscheinlich durch Verabreichung von Ovarialpräparaten der am Ende der Mast eintretende Fettansatz bei kastrierten Sauen gehemmt werden kann.

Im Thymushormonversuch ist festzustellen, daß die Versuchsgruppe V in der Fleischerzeugung ein entschieden günstigeres Ergebnis als die Vergleichsgruppe VI zeigte. Den größten Fleischanteil beider Gruppen sowie des gesamten Versuchsmaterials lieferte Nr. 109 (Gruppe V) mit 46,667% im Gegensatz zu Sau Nr. 111, die mit 42,473% Fleischanteilen an letzter Stelle steht. Dieses Tier hatte von sämtlichen Versuchs- und Vergleichstieren das höchste Lebendgewicht, nämlich 108 kg.

Um das durchschnittliche Verhältnis von Fleisch und Fett in den einzelnen Gruppen noch klarer hervorzuheben, sei auf folgende Tabelle hingewiesen (siehe S. 386):

Aus nächststehenden Zahlen geht hervor, daß das durchschnittliche Fleisch-Fett-Verhältnis in der Hodenhormonversuchsgruppe ungünstiger als bei der Vergleichsgruppe II ausfiel. Die Ursache ist in der bereits bekannten Tatsache begründet, daß die Tiere von Gruppe I schon eher hätten dem Schlachthofe zugeführt werden müssen.

Gruppe	Lebend-gewicht kg	Rechte Hälfte		Verhältnis Fleisch : Fett
		Fleisch kg	Fett kg	
Börge.				
I	96,7	16,7	15,88	1:0,95
II	83,7	15,2	12,60	1:0,83
Geschnittene Sauen.				
III	93,3	16,10	15,60	1:0,97
IV	96,7	16,45	17,20	1:1,05
Nichtgeschnittene Sauen.				
V	98,0	17,70	14,70	1:0,83
VI	100,7	17,80	16,40	1:0,92

Die Versuchssauen von Gruppe III wiesen ein besseres mittleres Fleisch-Fett-Verhältnis als die entsprechenden Tiere von Gruppe IV auf. Es erscheint daher die Annahme berechtigt, daß das Ovarialpräparat einen hemmenden Einfluß auf die Fettbildung am Ende der Mast bewirkt hat. Zwar ist das mittlere Lebendgewicht der Tiere aus Gruppe III um 3,4 kg niedriger als dasjenige in Gruppe IV, doch kann diese geringfügige Differenz nicht allein für das günstigere Fleisch-Fett-Verhältnis der Versuchstiere aus Gruppe III verantwortlich gemacht werden.

Was den Thymushormonversuch anlangt, so läßt sich hier feststellen, daß die Versuchsgruppe V im Mittel ein vorteilhaftes Fleisch-Fett-Verhältnis, nämlich 1:0,83, im Vergleich zu Gruppe VI, bei der das Verhältnis 1:0,92 war, aufweist. Die durchschnittlichen Lebendgewichte der Tiere der Gruppe V betragen 2,7 kg weniger als die der Gruppe VI, so daß auch hier die minimale Differenz keine ausschlaggebende Wirkung bringen konnte. Das gute Fleisch-Fett-Verhältnis kann also mit großer Wahrscheinlichkeit auf die Verabreichung des Thymuspräparates zurückgeführt werden.

Ein Vergleich des Fleisch-Fett-Verhältnisses der Gruppen III und IV mit den Gruppen V und VI besagt, daß die Tiere der Gruppen V und VI ein ungünstigeres Verhältnis als die der Gruppen III und IV aufweisen. Es hätte angenommen werden müssen, daß das Umgekehrte zutrifft; denn die durchschnittlichen Lebendgewichte der Gruppen III und IV liegen niedriger als die der Gruppen V und VI. Hieraus geht mit großer Sicherheit hervor, daß das Fleisch-Fett-Verhältnis im allgemeinen bei nichtgeschnittenen Sauen (Gruppe V und VI) ein besseres ist als dasjenige bei kastrierten Sauen (III und IV.)

d) Die Ergebnisse der chemischen Fleischuntersuchungen.

Um den Gehalt an Wasser, Eiweiß, Fett und Mineralstoffen festzustellen, wurden bei den vorliegenden Ausschlachtungsversuchen Schinkenfleischproben entnommen und im Laboratorium des Leipziger

Tierzuchtinstituts untersucht. Aus nachstehender Übersicht, in der die chemische Zusammensetzung des Frischfleisches für jedes einzelne Tier verzeichnet ist, lassen sich folgende Unterschiede klar erkennen:

Der Wassergehalt ist bei den Versuchsbörgen (Gruppe I) im Durchschnitt um 2% geringer als bei den Tieren der Vergleichsgruppe II, während der Gehalt an Rohprotein in Gruppe I um 1,5% höher liegt. Der Fettgehalt ist in Gruppe II im Durchschnitt um 0,43% geringer. Im Aschegehalt sind bei einem Vergleich der beiden Gruppen keine wesentlichen Differenzen zu erkennen.

Im Ovarialhormonversuch überwiegt die Vergleichsgruppe IV. Sie weist im Durchschnitt 1,3% weniger Wasser und 0,5% mehr Rohprotein auf als Gruppe III. Auch im Fett- und Aschegehalt übertrifft sie die Versuchsgruppe. Das Ovarialpräparat hat sich anscheinend als wenig qualitätsfördernd erwiesen.

Die chemische Zusammensetzung des Fleisches der in dem Thymushormonversuch aufgestellten Tiere ist nur sehr geringfügigen Schwankungen bei einem Vergleich beider Gruppen unterworfen. Die Versuchstiere (Gruppe V) lassen einen etwas geringeren Wasser- und einen um 0,4% höheren Eiweißgehalt erkennen. Im Rohfettgehalt stehen die Tiere der Versuchsgruppe V mit 3,08% im Durchschnitt an erster Stelle aller Gruppen. Da sich diese Tiere auf Grund der gewichtsmäßigen Feststellung der Fleischteile als die fleischreichsten und fettärmsten erwiesen hatten, muß angenommen werden, daß durch die Thymushormone eine stärkere Fetteinlagerung in emulgierter Form in den Fleischsaft herbeigeführt worden ist.

Der Wassergehalt des Schinkenfleisches schwankt bei den 18 Versuchstieren zwischen 74,62 und 70,09%, er betrug im Mittel 72,44%.

Die chemische Zusammensetzung des Frischfleisches in Prozenten.

Gruppe	Wassergehalt	Trockensubstanz	Rohprotein	Fett	Mineralstoffe
Börge.					
Versuch I ...	72,11	27,89	24,28	2,56	1,28
Vergleich II ..	74,10	25,90	22,82	2,13	1,25
Geschnittene Sauen.					
Versuch III ..	74,00	26,00	22,92	1,89	1,27
Vergleich IV ..	72,73	27,27	23,40	2,34	1,43
Nichtgeschnittene Sauen.					
Versuch V ...	70,69	29,31	24,96	3,08	1,34
Vergleich VI ..	71,13	28,87	24,54	2,24	1,45

Es war bereits festgestellt worden, daß bestimmte Unterschiede zwischen dem Rohproteingehalt der Versuchs- und demjenigen der Vergleichsgruppe vorhanden sind; das gleiche gilt auch für den Reinproteingehalt und das verdauliche Reineiweiß.

In 100 g Frischfleisch sind enthalten in Prozenten.

Gruppe	Rohprotein	Verdauliches Rohprotein	Reinprotein	Verdauliches Reinprotein	Verdaulich Prozente
Börge.					
Versuch I ...	24,28	23,84	22,63	22,19	98,19
Vergleich II ..	22,82	22,39	20,33	19,90	98,12
Geschnittene Sauen.					
Versuch III ..	22,92	22,52	18,41	18,00	98,26
Vergleich IV ..	23,40	22,90	21,69	21,19	97,86
Nichtgeschnittene Sauen.					
Versuch V ...	24,96	24,41	23,30	22,76	97,79
Vergleich VI ..	24,54	23,89	22,82	22,17	97,25

In der Versuchsgruppe I ist im Vergleich zu Gruppe II wohl ein höherer Rohprotein- sowie Reinproteingehalt zu verzeichnen, eine höhere Verdaulichkeit des Schinkenfleisches der Hodenhormongruppe gegenüber der Vergleichsgruppe ist jedoch nicht nachweisbar.

Etwas anders liegen die Verhältnisse im Ovarialhormonversuch. Hier überwiegt das Fleisch der Vergleichsgruppe im Roh- und Reinproteingehalt. Die Tiere der Gruppe III zeigen aber eine bessere Verdaulichkeit des Schinkenfleisches. Obgleich die Differenz nicht groß ist, so liefert sie den Beweis dafür, daß in dieser Hinsicht durch Verabreichung von Corpus luteum-Substanz etwas günstigere Ergebnisse verzeichnet werden können.

Die Thymushormongruppe läßt keine Unterschiede zwischen Versuch und Vergleich in Erscheinung treten. In der Versuchsgruppe ist sowohl die Verdaulichkeit des Reinproteingehaltes als auch der absolute Gehalt an Roh- und Reinprotein im Schinkenfleisch höher als in der Vergleichsgruppe VI.

e) Das Zellsafthaltungsvermögen.

Da nach *Berndt*[2] zwischen Zellsafthaltungsvermögen und Muskelfaserstärke bestimmte Korrelationen zu bestehen scheinen, soll zunächst das jeweilige Zellsafthaltungsvermögen der einzelnen Fleischproben einer kurzen Betrachtung unterzogen werden. Die Bestimmung wurde nach der am Leipziger Tierzuchtinstitut ausgearbeiteten Methodik durchgeführt.

Ein Blick auf die Durchschnittsergebnisse in nachstehender Tabelle zeigt, daß die Fleischqualität, die nach den vorangegangenen Ermittlungen direkt proportional dem Zellsafthaltungsvermögen ist, bei den 3 Versuchsgruppen hochwertiger als bei den entsprechenden Vergleichsgruppen war. Weiterhin läßt sich klar erkennen, daß die Abstammung der einzelnen Tiere als ein sehr wesentlicher Faktor für das Zellsafthaltungsvermögen anzusprechen ist. Sämtliches Versuchsmaterial

Das Zellsafthaltungsvermögen des Schinkenfleisches.

Versuchsgruppen		Vergleichsgruppen	
Nr.	%	Nr.	%
Börge.			
I		II	
86	94,65	87	92,05
89	93,35	90	92,78
95	95,39	94	94,87
Im Mittel:	94,46		93,23
Kastrierte Sauen.			
III		IV	
99	94,80	98	94,63
101	96,23	100	95,44
103	94,79	102	93,84
Im Mittel:	95,27		94,64
Nichtkastrierte Sauen.			
V		VI	
93	94,95	91	94,76
109	95,38	110	95,57
112	95,39	111	94,38
Im Mittel:	95,24		94,90

stammt von 3 Muttertieren, die ihrerseits untereinander Wurfgeschwister sind, während für alle 18 Versuchstiere nur ein Vater in Frage kommt. Trotz der annähernd gleichen Zusammensetzung des Blutes sind typische Unterschiede bei den einzelnen Würfen in bezug auf das Zellsafthaltungsvermögen festzustellen, wie aus nachstehender Übersicht hervorgeht:

Muttertier	Versuchstier		Vergleichstier	
	Nr.	%	Nr.	%
Stella	86	94,65	87	92,05
,, ...	89	93,35	90	92,78
,, ...	93	94,95	91	94,76
Im Mittel		94,32		93,20
Sonja	109	95,38	110	95,57
,, ...	112	95,39	111	94,38
Im Mittel		95,39		94,98
Senta	95	95,39	94	94,87
,, ...	99	94,80	98	94,63
,, ...	101	96,23	100	95,44
,, ...	103	94,79	102	93,84
Im Mittel		95,30		94,69

Ganz allgemein kann gesagt werden, daß das Fleisch der Börge im Vergleich zu dem der geschnittenen wie nichtgeschnittenen Sauen den Zellsaft weniger gut zu halten vermag; denn die zwei weiblichen Stellanachkommen schneiden günstiger ab als ihre Brüder. Zwischen den Sonja- und den Stellanachkommen bestehen keine nennenswerten Unterschiede.

Versuchsgruppe I hat ein Zellsafthaltungsvermögen von durchschnittlich 94,46%, Vergleichsgruppe II dagegen nur von 93,23%. Die weiblichen Tiere der vier anderen Gruppen haben im Durchschnitt fast gleich viel Zellsaft zu halten vermocht. Gruppe III, in der nur geschnittene Sauen standen, zeigte das günstigste Ergebnis mit 95,27%. In dieser Gruppe steht auch das Tier mit der geringsten Zellsaftabgabe aller Versuchstiere, nämlich Sau 100 mit nur 3,77%.

f) Die Ergebnisse der Muskelfasermessungen als objektiver Maßstab für die Zartheit des Fleisches.

Da anzunehmen ist, daß die Zartheit des Fleisches von der jeweiligen Dicke der Muskelfasern abhängig ist, wurde von jeder Schinkenfleischprobe die Dicke von 200 Muskelfasern mikrometrisch ermittelt (siehe Tabelle S. 391 und Abb. 7).

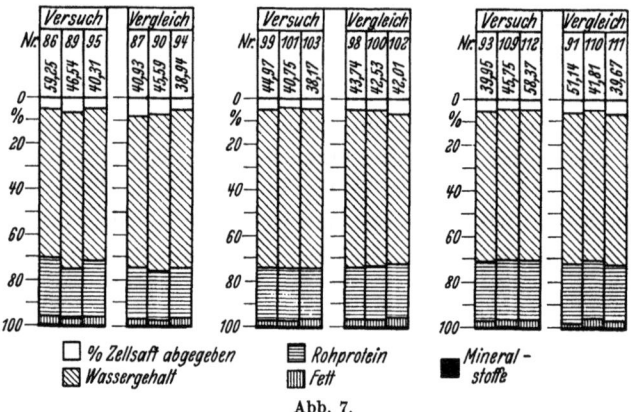

Abb. 7.

Der Hodenhormonversuch zeichnet sich durch eine große Unausgeglichenheit in der Muskelfaserstärke aus. Borg 86 (Gruppe I) steht mit einer mittleren Dicke von 59,25 μ weit über seinen Versuchsgeschwistern, so daß die mittlere Muskelfaserdicke der Versuchsgruppe 48,69 μ erreicht. Weiterhin läßt sich feststellen, daß die Sentatiere Nr. 95 sowie Nr. 94 die geringste Muskelfaserstärke mit 40,31 bzw. 38,94 μ aufweisen. Zieht man zu einem Vergleich die Gruppe III und IV des Ovarialversuches heran, so ist zunächst eine etwas gröbere Muskelfaser in der Vergleichsgruppe IV gegenüber Gruppe II und III zu beobachten. Die Börge 95 und 94 sind Wurfgeschwister der im Ovarialhormonversuch stehenden Tiere. Da beide Brüder eine auffallend geringe Muskelfaserstärke im Vergleich zu den anderen Börgen erkennen lassen, kann angenommen werden, daß die Abstammung nicht ohne Einfluß auf die jeweilige Zartheit des Fleisches ist. Es wurde schon darauf hingewiesen, daß die Abstammung auch für das jeweilige Zellsafthaltungsvermögen maßgebend sei.

Muskelfasermessungen in µ.

	Mittel	Minimum	Maximum	Variationsbreite
Versuchsgruppe I (Börge).				
Nr. 86.	59,25	20,00	104,00	84,00
„ 89.	46,52	22,00	86,00	64,00
„ 95.	40,31	13,00	65,00	52,00
Im Mittel	48,69	18,33	85,00	66,67
Vergleichsgruppe II.				
Nr. 87.	40,93	21,00	75,00	54,00
„ 90.	45,59	20,00	95,00	75,00
„ 94.	38,94	16,00	76,00	60,00
Im Mittel	41,82	19,00	82,00	63,00
Versuchsgruppe III (geschnittene Sauen).				
Nr. 99.	44,97	19,00	78,00	59,00
„ 101.	40,75	22,00	72,00	50,00
„ 103.	38,13	24,00	62,00	38,00
Im Mittel	41,28	21,66	70,66	49,00
Vergleichsgruppe IV.				
Nr. 98.	43,74	17,00	76,00	59,00
„ 100.	42,53	18,00	70,00	52,00
„ 102.	42,01	23,60	64,00	41,40
Im Mittel	42,76	19,53	70,00	50,47
Versuchsgruppe V (Sauen).				
Nr. 93.	39,95	20,00	79,00	59,00
„ 109.	45,75	18,90	80,00	61,10
„ 112.	58,37	22,00	103,00	81,00
Im Mittel	48,02	20,30	87,33	67,03
Vergleichsgruppe VI.				
Nr. 91.	51,14	22,00	80,00	58,00
„ 110.	41,81	20,00	88,00	68,00
„ 111.	39,67	16,00	71,00	55,00
Im Mittel	44,21	19,33	79,66	60,33

Die Ovarialversuchsgruppe III hatte durchschnittlich das höchste Zellsafthaltungsvermögen, und hier zeigt dieselbe Gruppe die geringste Muskelfaserstärke. Diese Tatsache läßt die Annahme als berechtigt erscheinen, daß verhältnismäßig feine Muskelfasern den Zellsaft besser zu halten vermögen als grobe. Ein Vergleich der Senta- mit den Stellanachkommen läßt insofern kein endgültiges Urteil zu, als gerade unter den letztgenannten Geschwistertieren sehr große Schwankungen in der Muskelfaserstärke und dem Zellsafthaltungsvermögen wahrzunehmen sind.

Der Versuch, zwischen den Muskelfaserdicken und dem entsprechenden Zellsafthaltungsvermögen in den einzelnen Fleischproben eine Korrelation in der Richtung festzustellen, daß mit zunehmender Muskelfaserdicke das Zellsafthaltungsvermögen geringer wird, scheiterte daran, daß das zur Verfügung stehende Material für derartige Berechnung zahlenmäßig zu gering war.

Zusammenfassung der Versuchsergebnisse.

Auf Grund der Untersuchungen und Ausführungen in den vorstehenden Kapiteln ergeben sich kurz zusammengefaßt folgende Resultate:

a) Aus dem Fütterungsversuch.

1. Die Verfütterung von Hodenpräparat an kastrierte Eberferkel wirkt bei der Schnellmast auf die Lebendgewichtszunahme günstig ein. Die erforderliche Dosis liegt zwischen 1—1,5 g Hodenpräparat auf 100 kg Lebendgewicht pro Tag.

2. Die durchschnittlichen täglichen Zunahmen der einzelnen Tiere stellten sich durch die Hormonbeigabe um 161 g höher als bei den zum Vergleiche herangezogenen Vollgeschwistern.

3. Durch die Hodenhormonfütterung trat eine Verkürzung der Mastdauer um 4—5 Wochen ein. Es ist somit für die als Material verwendeten Kreuzungstiere (Berkshire × veredeltes Landschwein) die gleiche Wirkung der männlichen Keimdrüsenhormone wie beim veredelten Landschwein als erwiesen zu betrachten.

4. Durch die Hodenhormonzufuhr wurden im Durchschnitt je Tier innerhalb einer Mastdauer von 11 Wochen 14,33 kg Fleisch mehr erzeugt als bei den Tieren der Vergleichsgruppe.

5. Das Kilogramm Lebendgewicht wurde durch die Verabreichung von Hodenhormonpräparat um 4 Pfg. billiger hergestellt als bei geschnittenen Eberferkeln ohne Keimdrüsenhormonzufuhr.

6. Durch Beifütterung von Ovarialpräparat mit Corpus luteum ohne Follikelflüssigkeit an kastrierte Sauen war kein Erfolg zu erzielen. Es hatte vielmehr den Anschein, als ob das Präparat einen hemmenden Einfluß auf die gewichtsmäßige Entwicklung der einzelnen Tiere ausübte.

7. Die Verabreichung von Thymusdrüsenpräparat an ungeschnittene Sauen führte zu keinem Erfolg. Die Versuchsgruppe reagierte in keiner Weise auf das Präparat, so daß die Entwicklung beider Gruppen in jeder Beziehung parallel verlief.

b) Aus den Ausschlachtungsergebnissen.

8. Der Gesamtschlachtverlust schwankt bei den untersuchten Kreuzungstieren mit Lebendgewichten von 67—108 kg zwischen 17,08 bis 21,73%.

9. Bei den einzelnen Versuchstieren bewegt sich der Kühl- oder Trocknungsverlust zwischen 0,446 und 1,739%.

a) Durch Beifütterung von Hodenhormonpräparat wird der Kühlverlust bei Börgen vermindert, d. h. das Fleisch wird qualitätsreicher.

b) Durch Verabreichung von Ovarialpräparat an geschnittene Sauen wird eine Erhöhung des Kühlverlustes bewirkt. Sie hatte demnach in dieser Richtung eine Qualitätsverminderung des Fleisches zur Folge.

c) Die Verfütterung von Thymuspräparat läßt keinen Einfluß auf den Kühlverlust, aber eine das Längenwachstum von Sauen begünstigende Wirkung erkennen.

10. Die Speckdicke an Widerrist, Rücken und Hüfte ist bei Börgen (Kreuzungstiere) direkt proportional dem jeweiligen Lebendgewicht. Bei Sauen (Kreuzungstiere) scheint der Halsspeck eher umgekehrt proportional dem Lebendgewicht zu wachsen.

11. Die Fleischfarbe der Börge ist dunkler, die der Sauen frischer.

12. Der prozentuale Gewichtsanteil von Schinken und Schulter ist bei Sauen größer als bei Börgen.

13. Das verabreichte Hodenpräparat bewirkt einen größeren prozentualen Ansatz von schierem Fleisch, hat demnach qualitätsverbessernd gewirkt.

14. Das Fleisch-Fett-Verhältnis ist im allgemeinen bei nichtgeschnittenen Sauen ein besseres als dasjenige bei kastrierten Sauen.

15. Der Wassergehalt des Schinkenfleisches schwankte bei den 18 Versuchstieren zwischen 74,62 und 70,09% und beträgt im Mittel 72,44%.

a) Der Wassergehalt des Schinkenfleisches wird durch Verabreichung von Hodenpräparat bei Börgen etwas vermindert. Das Fleisch derartiger Tiere ist somit, an seinem Nährstoffgehalt gemessen, als qualitätsreicher anzusprechen. Im vorliegenden Versuch wiesen die Vergleichstiere einen um 2% höheren Wassergehalt auf.

b) Die Einwirkung des Ovarialpräparates hat sich in diesem Falle als qualitätsverschlechternd erwiesen.

c) Der Nährstoffgehalt des Schinkenfleisches der mit Thymus gefütterten Tiere zeigte keine wesentlichen Unterschiede.

16. Das Zellsafthaltungsvermögen ist in den 3 Versuchsgruppen besser als in den entsprechenden Vergleichsgruppen.

17. Die Abstammung der einzelnen Tiere spielt bei der Beurteilung des jeweiligen Zellsaftshaltungsvermögens eine wesentliche Rolle.

18. Die Börge haben im allgemeinen ein geringeres Zellsafthaltungsvermögen aufzuweisen als die Sauen.

19. Die Muskelfaserdicke steht mit der Abstammung der einzelnen Tiere in einer gewissen Beziehung. Gesetzmäßigkeiten zwischen Muskelfaserdicke und Zellsafthaltungsvermögen konnten bei dem vorliegenden Versuchsmaterial nicht ermittelt werden.

Literaturverzeichnis.

[1] *Berblinger, W.*, Die innere Sekretion im Lichte der morphologischen Forschung. Jena: Fischer 1928. — [2] *Berndt, E.*, Noch nicht veröffentlichte Arbeit. — [3] *Borsch, K.*, Anleitung zum rationellen Betrieb in der Fleischerei und Wurstfabrikation. Berlin: Verlag der allg. Fleisch.-Ztg. — [4] *Bujard-Baier*, Hilfsbuch für Nahrungsmittelchemiker. Berlin: Julius Springer 1920. — [5] *Bungaretz*, Das Schwein, seine Rasse, Pflege, Zucht, Fütterung, mit Anhang: Hausschlachtung. Berlin: Scherl 1920. — [6] *Dettweiler* u. *Müller*, Lehrbuch der Schweinezucht. Berlin: Parey 1924. — [7] *Ellenberger* u. *H. Baum*, Handbuch der vergleichenden Anatomie der Haustiere. Berlin: August Hirschwald 1921. — [8] *Esskuchen* u. *Nebelung*, Ein Versuch zur Feststellung des Einflusses verschiedener Haltung während der Mast auf die Güte von Fleisch und Fett. Mitt. Dtsch. Landw. Ges. **44** (1929). — [9] *Hempel, K.*, Über die Milchleistung der Sauen des veredelten Landschweines und die Gewichtsentwicklung der Ferkel während der Säugezeit. Inaug.-Diss. Göttingen 1925. — [10] *Herter* u. *Wilsdorf*, Die Bedeutung des Schweines für die Fleischbesorgung. Berlin 1914. — [11] *Hirsch, Max*, Handbuch der inneren Sekretion **1, 2** u. **3**. Leipzig: Kabitzsch 1928. — [12] *Kellner, O.*, Grundzüge der Fütterungslehre. Berlin: Parey 1920. — [13] *Krüger, H. W.*, Schlachtbeobachtungen und Ausschlachtungsversuche an Schweinen. Berlin: Julius Springer 1930. — [14] *Lehmann, F.*, Neues über Theorie und Praxis der Schweinemast. Mitt. Dtsch. Landw. Ges. **40** (1925). — [15] *Malsburg, K. v. d.*, Die Zellgröße als Form und Leistungsfaktor der landwirtschaftlichen Nutztiere. Hannover: Schaper 1911. — [16] *Ohligmacher, K.*, Untersuchungen über die Milchleistung von veredelten Landschweinsauen und das Wachstum der Ferkel während einer 10 wöchigen Säugezeit. Inaug.-Diss. Göttingen 1925. — [17] Reichsverband der deutschen Fleischwarenindustrie, E. V.: Zur Frage der Qualitätsverbesserung der Schweine durch Standardisierung. **1928**, Nr 4. — [18] *Ritter, K.*, Absatz und Standardisierung landwirtschaftlicher Produkte. Berlin: Parey 1926. — [19] *Thomalla, K.*, Innere Sekretion. Probleme der Blutdrüsen und Verjüngung. Leipzig: Kabitzsch 1925. — [20] Verband der Rindvieh- und Schweinemäster Norddeutschlands, E. V.: Die Förderung der Schweinemast. Berlin: Parey 1927.

Am Ende meiner Ausführungen ist es mir eine angenehme Pflicht, meinem hochverehrten Lehrer, Herrn Prof. Dr. *Golf*, Direktor des Institutes für Tierzucht und Milchwirtschaft an der Universität Leipzig, für die Überlassung dieses Themas, das mich infolge seiner Aktualität aufs lebhafteste interessierte, verbindlichst zu danken.

Aufrichtiger Dank gebührt ebenfalls Herrn Privatdozent Dr. *Berndt* für die vielfachen Anregungen und die nie versagende Hilfsbereitschaft.

Ebenso Herrn *Grünig*, dem Technischen Leiter der Großschlächterei des Konsumvereins Leipzig-Plagwitz, möchte ich an dieser Stelle für das überaus freundliche Entgegenkommen, die fachmännische Beratung und das große Interesse an den Ausschlachtungsversuchen verbindlichsten Dank aussprechen.

MIX
Papier aus verantwortungsvollen Quellen
Paper from responsible sources
FSC® C105338

If you have any concerns about our products,
you can contact us on
ProductSafety@springernature.com

In case Publisher is established outside the EU,
the EU authorized representative is:
**Springer Nature Customer Service Center GmbH
Europaplatz 3, 69115 Heidelberg, Germany**

Printed by Libri Plureos GmbH
in Hamburg, Germany